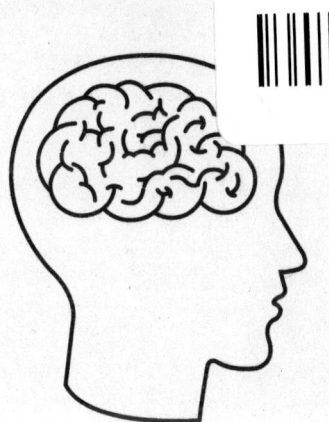

clave

Mariano Sigman (Buenos Aires, 1972) obtuvo su doctorado en Neurociencia en Nueva York y fue investigador en París antes de volver a Argentina. Es un referente mundial en neurociencia de las decisiones, neurociencia y educación, y neurociencia de la comunicación humana. Fue uno de los directores del Human Brain Project, el esfuerzo más vasto del mundo por entender y emular el cerebro humano. Ha trabajado con magos, cocineros, ajedrecistas, músicos y artistas plásticos para vincular el conocimiento de la neurociencia a distintos aspectos de la cultura humana. Además, ha desarrollado una extensa carrera de divulgación científica que incluye programas en las principales radios de Argentina y en televisión, y cientos de artículos publicados en todo el mundo. Es autor de *La vida secreta de la mente. Nuestro cerebro cuando decidimos, sentimos y pensamos* (2015), *El poder de las palabras. Cómo cambiar tu cerebro (y tu vida) conversando* (2022) y, en coautoría con Santiago Bilinkis, *Artificial. La nueva inteligencia y el contorno de lo humano* (2023).

MARIANO SIGMAN

La vida secreta de la mente

Nuestro cerebro cuando
decidimos, sentimos y pensamos

DEBOLS!LLO

Papel certificado por el Forest Stewardship Council®

Primera edición en esta colección: mayo de 2024
Cuarta reimpresión: abril de 2026

Printed in Spain – Impreso en España

ISBN: 978-84-663-7491-0
Depósito legal: B-4.510-2024

Compuesto en Pleca Digital, S.L.U.
Impreso en Black Print CPI Ibérica
Sant Andreu de la Barca (Barcelona)

P 3 7 4 9 1 0

A Milo y Noah

AGRADECIMIENTOS

Este libro es el relato de una travesía a los lugares más recónditos de nuestro cerebro y de nuestro pensamiento. Resume una excursión de muchos años, que emprendí junto a amigos y amigas, colegas, compañeros y compañeras de ruta y de la vida.

Agradezco infinitamente a todos los que me acompañaron en la aventura de desarrollar estas ideas en la Argentina y a construir un espacio plural, provocativo y profundamente interdisciplinario. A los estudiantes, doctorandos, posdoctorados e investigadores del Laboratorio de Neurociencia Integrativa en la Facultad de Ciencias Exactas y Naturales de la Universidad de Buenos Aires y del Laboratorio de Neurociencia de la Universidad Torcuato Di Tella. También a mis compañeros y compañeras de andanzas en Nueva York y París, con los que estas ideas fueron tomando forma. Los conceptos que narro en este libro se forjaron junto con Gabriel Mindlin, Marcelo Magnasco, Charles Gilbert, Torsten Wiesel, Guillermo Cecchi, Michael Posner, Leopoldo Petreanu, Pablo Meyer Rojas, Eugenia Chiappe, Ramiro Freudenthal, Lucas Sigman, Martín Berón de Astrada, Stanislas Dehaene, Ghislaine Dehaene-Lambertz, Tristán Bekinschtein, Inés Samengo, Marcelo Rubinstein, Diego Golombek, Draulio Araujo, Kathinka Evers, Andrea P. Goldin, Cecilia Inés Calero, Diego Shalom, Diego Fernández Slezak, María Juliana Leone, Carlos Diuk,

9

Ariel Zylberberg, Juan Frenkel, Pablo Barttfeld, Andrés Babino, Sidarta Ribeiro, Marcela Peña, David Klahr, Alejandro Maiche, Juan Valle Lisboa, Jacques Mehler, Marina Nespor, Antonio Battro, Andrea Moro, Sidney Strauss, John Bruer, Susan Fitzpatrick, Marcos Trevisan, Sebastián Lipina, Bruno Mesz, Mariano Sardon, Horacio Sbaraglia, Albert Costa, Silvia Bunge, Jacobo Sitt, Andrés Rieznik, Gustavo Faigenbaum, Rafael Di Tella, Iván Reydel, Elizabeth Spelke, Susan Goldin Meadow, Andrew Meltzoff, Manuel Carreiras y Michael Shadlen. Agradezco a mi papá, por haberme acompañado en el amor y la pasión por la psiquiatría y por el estudio y la comprensión de la mente humana. Las lecturas de los libros de Freud, subrayados y anotados a mano por él mientras estudiaba, fueron para mí una gran impronta en este proyecto.

Los cimientos de este libro están en mi cerebro —que etimológicamente significa "lo que lleva la cabeza"— hace años. Pero materializarlo fue una aventura extraordinaria y mucho más desafiante y apasionante que lo imaginado. Y por supuesto hubiese sido imposible sin los que me acompañaron en esta travesía. Mi agradecimiento, en vísperas de cruzar la línea, a ellos y ellas. En primer lugar, a Florencia Ure y Roberto Montes, de esta editorial, que dieron comienzo a esta historia. Roberto, en aquella primera reunión —de la que parece haber pasado ya una infinitud—, dijo al pasar que la clave era escribir un libro honesto. Esas palabras dichas sin más resonaron durante mucho tiempo, como un ancla, mientras fui dando forma a este proyecto. Así intenté hacerlo. Florencia Grieco me acompañó —de cerca y soplándome en la nuca— en la edición del texto desde el primer día hasta el último (que aún no ha sido, mientras escribo esto). Innumerables reuniones, correos, mates y cafés, idas y vueltas de textos en los que aprendí con ella a dar forma a estas ideas. Marcos Trevisan, compañero de tantas andanzas, me bancó en esta con una paciencia extraordinaria. Me enseñó a leer en voz alta, a pensar las palabras por su historia y sobre todo me hizo reír a carcajadas en los momentos más arduos de la escritura. En el *sprint* final, en aquellos días vertiginosos y noches de insomnio, Andre Goldin, con infinita generosidad, se sentó conmigo en horas imposibles para revisar la ciencia y la forma del libro. Christián Carman revisó pasajes históricos y filosóficos. Muchas gracias también a los chicos del Gato y la Caja, Juan Manuel Garrido, Facundo Álvarez Heduan y Pablo González y a Andrés Rieznik, Cecilia Calero, Pablo Polosecki, Mercedes Dalessandro, Hugo Sigman, Silvia Gold, Juan Sigman y Claire Landmann, que leyeron estas páginas y me hicieron comentarios, observaciones y, cómo no, algún mimo, que me ayudó a remar cuando el viento soplaba fuerte.

INTRODUCCIÓN

Me gusta pensar la ciencia como una nave que nos lleva a lugares desconocidos, a lo más remoto del universo, a las entrañas de la luz y a lo mas ínfimo de las moléculas de la vida. Esa nave tiene instrumentos, telescopios y microscopios, que hacen visible lo que antes era invisible. Pero la ciencia también es el camino mismo, la bitácora, el plan de ruta hacia lo desconocido.

Mi viaje en los últimos veinte años, entre Nueva York, París y Buenos Aires, ha sido a la intimidad del cerebro, un órgano formado por un sinfín de neuronas que codifican la percepción, la razón, las emociones, los sueños, el lenguaje.

En este libro, el cerebro está visto desde lejos, allí donde empieza a tomar forma el pensamiento. Y allí donde la psicología se encuentra con la neurociencia navegaron, en una completa promiscuidad de disciplinas, biólogos, físicos, matemáticos, psicólogos, antropólogos, lingüistas, ingenieros, filósofos, médicos. Y también cocineros, magos, músicos, ajedrecistas, escritores, artistas. Esta obra es el resultado de esa mezcla.

Así fue como la bitácora del viaje tomó la forma de este texto que recorre el cerebro y el pensamiento humano. Es un viaje especular: se trata de descubrir nuestra mente para entendernos hasta en los más pequeños rincones que componen quiénes somos, cómo forjamos las ideas en nuestros primeros días de vida, cómo damos forma a las decisiones que nos constituyen, cómo soñamos y cómo imaginamos, por qué sentimos ciertas emociones, cómo el cerebro se transforma y, con él, lo que somos.

El primer capítulo es un viaje al país de la niñez. Veremos que el cerebro ya está preparado para el lenguaje mucho antes de empezar a hablar, que el bilingüismo ayuda a pensar y que formamos nociones de lo bueno, lo justo, la cooperación y la competencia que luego hacen mella en nuestra manera de relacionarnos. Estas intuiciones del pensamiento dejan trazas duraderas en nuestra manera de razonar y decidir.

En el segundo capítulo exploramos qué define la fina y borrosa línea de lo que estamos dispuestos a hacer y lo que no, las decisiones que nos constituyen. ¿Cómo se combinan la razón y las emociones en las decisiones sociales y afectivas? ¿Qué hace que confiemos en los otros y en nosotros mismos? Descubriremos que pequeñas diferencias en los circuitos cerebrales de toma de decisiones pueden cambiar drásticamente nuestra manera de decidir, desde las decisiones más simples hasta las más profundas y sofisticadas que nos definen como seres sociales.

El tercer capítulo y el cuarto son un viaje al aspecto más misterioso del pensamiento y el cerebro humano, la conciencia, a través de un encuentro inédito entre Freud y la neurociencia de vanguardia. ¿Qué es y cómo nos gobierna el inconsciente? Veremos que podemos leer y descifrar el pensamiento decodificando patrones de actividad cerebral, aun en el caso de pacientes vegetativos que no tienen otra forma de expresarse. ¿Y quién se despierta cuando se despierta la conciencia? Veremos los primeros esbozos de cómo hoy podemos registrar nuestros sueños y visualizarlos en una suerte de planetario onírico y exploraremos la fauna de los distintos estados de conciencia, como los sueños lúcidos y el pensamiento bajo el efecto de la marihuana o las drogas alucinógenas.

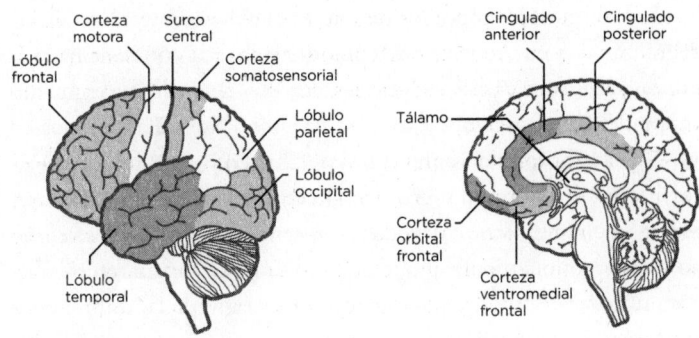

La geografía del cerebro

Para estudiar el cerebro conviene dividirlo en distintas regiones. Algunas de ellas están deli-mitadas por surcos o hendiduras. Así puede dividirse la corteza cerebral, que abarca toda la superficie de los hemisferios cerebrales, en cuatro grandes regiones: frontal, parietal, occipital y temporal. La corteza parietal y la frontal, por ejemplo, están separadas por el surco central. Cada una de estas grandes regiones de la corteza participa en múltiples funciones pero tiene a la vez cierto grado de especialización. La corteza frontal funciona como la "torre de control" del cerebro: regula, inhibe, controla distintos procesos cerebrales y arma planes. La corteza occipital coordina la percepción visual. La corteza parietal integra y coordina la información sensorial con las acciones. Y la corteza temporal codifica las memorias y funciona como un puente entre la visión y la audición y el lenguaje.

Estas grandes regiones se dividen a su vez según criterios anatómicos o de acuerdo a roles funcionales. Por ejemplo, la corteza motora es el área en la corteza frontal que gobierna los músculos, y la corteza somatosensorial es el área en la corteza parietal que coordina la per-cepción del tacto.

En el corte interior en el medio del cerebro, en el plano que separa los dos hemisferios, se pueden identificar subdivisiones de la corteza frontal. Por ejemplo, la corteza ventromedial prefrontal y la corteza orbitofrontal, que coordinan distintos elementos de la toma de decisiones. Debajo de la corteza frontal y parietal se extiende la corteza cingulada (también llamada giro cingulado o simplemente cingulado). La parte más cercana a la frente (cingulado anterior) está conectada con la corteza frontal y tiene un rol primordial en la capacidad de monitorear y controlar nuestras acciones. La parte más cercana a la nuca (cingulado posterior), en cambio, se activa cuando la mente divaga a su voluntad, en lo que conocemos como sueños diurnos. En el centro del cerebro está el tálamo, que regula el "interruptor" de la conciencia.

Los últimos dos capítulos recorren preguntas sobre cómo el cerebro aprende en diferentes ámbitos, desde la vida cotidiana hasta la educación formal. ¿Es cierto que estudiar un nuevo idioma es mucho más difícil para un adulto que para un niño? Nos adentraremos en un viaje a la historia del aprendizaje, al esfuerzo y la virtud, a la transformación drástica que sucede en el cerebro cuando aprendemos a leer y a la predisposición del cerebro al cambio. El libro esboza cómo todo este conocimiento puede ser utilizado de forma responsable para mejorar el experimento colectivo más vasto de la historia de la humanidad: la escuela.

La vida secreta de la mente es un resumen de la neurociencia desde la perspectiva de mi propio viaje. Pienso a la neurociencia como una manera de comprender a los otros y a uno mismo. De hacernos entender. De comunicarnos. Desde esta perspectiva, la neurociencia es una herramienta más en esta búsqueda ancestral de la humanidad de expresar —acaso de manera rudimentaria— los tintes, colores y matices de lo que sentimos y lo que pensamos para que sea comprensible para los otros y, cómo no, para nosotros mismos.

CAPÍTULO 1

El origen del pensamiento

*¿Cómo piensan y se comunican los bebés,
y cómo podemos entenderlos mejor?*

De todos los lugares que recorremos durante la vida, el más extraordinario seguramente sea el país de la niñez. Un territorio que desde la mirada retrospectiva de la adultez se vuelve cándido, ingenuo, colorido, onírico, lúdico, vulnerable.

Es curioso. Este país del que todos fuimos ciudadanos es difícil de recordar y reconstruir sin desempolvar fotos que, a la distancia, vemos en tercera persona, como si aquel niño fuera otro y no nosotros mismos en otro tiempo. Ni qué hablar de la primera infancia, que de tan lejana y borrosa se vuelve pura amnesia.

¿Acaso recordamos cómo pensábamos y concebíamos el mundo antes de aprender las palabras que lo describen? Y, ya que estamos, ¿cómo hicimos para descubrir las palabras del lenguaje sin un diccionario que las definiera? ¿Cómo puede ser que antes de los tres años de vida, en una etapa de supina inmadurez del razonamiento formal, hayamos descubierto las reglas y los recovecos de la gramática y la sintaxis?

Acá esbozaremos ese viaje, desde el día en que asomamos al mundo hasta que se consolida el lenguaje y el pensamiento se asemeja mucho más al que utilizamos hoy, como adultos, para hacer este recorrido. El trayecto es promiscuo en sus vehículos, métodos y herramientas. Se mechan las reconstrucciones del pensamiento desde nuestra mirada, los gestos, las palabras y la inspección minuciosa del cerebro que nos constituye. Esa es la premisa de este capítulo y la de todo el libro.

Veremos que, casi desde el día en que nace, un chico ya es capaz de formar representaciones abstractas y sofisticadas. Sí, aunque suene descabellado, los bebés tienen nociones matemáticas, del lenguaje, de la moral e incluso del razonamiento científico y social. Esto crea un repertorio de intuiciones innatas que estructuran lo que aprenderán —lo que todos aprendimos— en los espacios sociales, escolares, familiares, en los años siguientes.

También descubriremos que el desarrollo cognitivo no es la mera adquisición de nuevas habilidades y conocimientos. Al contrario, muchas veces consiste en deshacerse de hábitos que les impiden a los chicos demostrar lo que ya conocen. En ocasiones, y pese a ser una idea contraintuitiva, el desafío de los niños no es adquirir nuevos conceptos sino aprender a gobernar los que ya poseen.

Estas dos ideas se resumen en una imagen. Los adultos solemos dibujar mal a los bebés porque no observamos que, además de ser más pequeños, tienen proporciones distintas a nosotros. Sus brazos, por ejemplo, son apenas del mismo tamaño que su cabeza. Nuestra dificultad para verlos, tal cual son, sirve como metáfora morfológica para entender lo más difícil de intuir en el plano cognitivo: los bebés no son adultos en miniatura.

En general, por simplicidad y conveniencia hablamos de *los niños* en tercera persona, lo que erróneamente presupone una distancia, como si hablásemos de algo que no somos. Como la intención de este libro es viajar a los lugares más recónditos de nuestro cerebro, esta primera excursión, al niño que fuimos, será entonces en primera persona. Para indagar cómo pensábamos, sentíamos o representábamos al mundo en aquellos días de los que no tenemos registro, sencillamente, porque esa traza de experiencia pasó al olvido.

LA GÉNESIS DE LOS CONCEPTOS

A fines del siglo XVII, el filósofo irlandés William Molyneux le propuso a su amigo John Locke el siguiente experimento mental:

> Supongamos que hay un hombre ciego de nacimiento, ya adulto, y que ha sido enseñado para distinguir, por el tacto, la diferencia existente entre un cubo y una esfera [...] Supongamos, ahora, que el cubo y la esfera están sobre una mesa y que el hombre ciego recobra su vista. Se pregunta si por la vista, antes de tocarlos, podría distinguir y decir cuál es la esfera y cuál el cubo.

¿Podrá? En los años que llevo planteando esta pregunta encontré que la gran mayoría de la gente cree que no, que es necesario empalmar la experiencia visual virgen con aquello que ya se conoce mediante el tacto. Es decir, que una persona necesitaría tocar y ver una esfera al mismo tiempo para descubrir que la curvatura suave y lisa percibida en la yema de los dedos corresponde a determinada imagen.

Otros, los menos, creen en cambio que la experiencia táctil previa creó un molde visual. Y, por lo tanto, un ciego podría distinguir la esfera y el cubo en el mismísimo instante en que recuperara la vista.

John Locke, al igual que la mayoría, pensaba que un ciego tendría que aprender a ver. Solo viendo y tocando un objeto al mismo tiempo descubriría que esas sensaciones están relacionadas. Un ejercicio de traducción en el que cada modalidad sensorial es un idioma diferente y el pensamiento abstracto, una suerte de diccionario que vincula las *palabras del tacto* con las *palabras de la vista*.

Para Locke y sus secuaces empiristas, el cerebro de un recién nacido es una hoja en blanco; una *tabula rasa* lista para ser escrita. Luego, la experiencia lo va esculpiendo y transformando, y los conceptos nacen solo cuando adquieren nombre. El desarrollo cognitivo comienza en la superficie con la experiencia sensorial y, después, con el desarrollo del lenguaje adquiere los matices que explican las vetas más profundas y sofisticadas del pensamiento humano: el amor, la religión, la moral, la amistad, la democracia.

El empirismo se funda en una intuición natural. No es extraño, entonces, que haya sido tan exitoso y que haya dominado la filosofía de la mente desde el siglo XVII hasta los tiempos del gran psicólogo suizo Jean Piaget. Sin embargo, la realidad no siempre es intuitiva: el cerebro de un recién nacido no es una *tabula rasa*. Al contrario. Venimos al mundo como una máquina de conceptualizar.

El razonamiento típico de charla de café se estrola con la realidad en un experimento sencillo en el que el psicólogo Andrew Meltzoff, emulando la pregunta de Molyneux, refutó la intuición empirista. En vez de usar una esfera y un cubo, utilizó dos chupetes; uno con una forma suave y redondeada y el otro con una forma más bien rugosa y puntiaguda. El método es sencillo. En plena oscuridad un bebé tiene uno de los dos chupetes en la boca. Un tiempo después, los chupetes se colocan sobre una mesa y se enciende la luz. Y entonces el bebé mira más el chupete que tuvo en la boca, denotando que lo reconoce.

El experimento es muy sencillo y derriba un mito que había durado más de trescientos años. Muestra que un neonato que tuvo solo una experiencia táctil —el contacto en la boca, considerando que a esa edad la exploración táctil es principalmente oral y no manual— con un objeto ya tiene conformada una representación de cómo se ve. Esto contrasta con lo que suelen percibir los padres: que la mirada de los bebés recién nacidos parece perdida y en cierta medida desconectada de la realidad. Ya veremos más adelante que, en realidad, la vida mental de un chico es mucho más rica y sofisticada que lo que podemos intuir a partir de su incapacidad de comunicarla.

Sinestesias atrofiadas y persistentes

El experimento de Meltzoff da —también contra toda intuición— una respuesta afirmativa a la pregunta de Molyneux: un bebé recién nacido puede reconocer con la vista dos objetos que solo ha tocado. ¿Ocurre lo mismo con un ciego que de golpe recupera la vista? La respuesta a este interrogante recién fue posible una vez que se desarrollaron cirugías capaces de revertir las cataratas densas que producían cegueras congénitas.

La primera materialización del experimento mental de Molyneux la hizo el oftalmólogo italiano Alberto Valvo. El vaticinio de John Locke era correcto; para un ciego congénito, adquirir la vista no fue nada parecido a ese sueño tan anhelado. Así se expresaba uno de los pacientes después de la cirugía que le restituyó la vista:

> Tuve la sensación de que había comenzado una nueva vida, pero en ciertos momentos me deprimí y me sentía desanimado, cuando me di cuenta de lo difícil que era *comprender* el mundo visual. […] De hecho, a mi alrededor veo un conjunto de luces y sombras […] como un mosaico de sensaciones cambiantes cuyo *significado* no comprendo. […] Por la noche, me gusta la oscuridad. Tenía que morir como una persona ciega para renacer como una persona que ve.

Para poder *ver*, el paciente tuvo que empalmar con gran esfuerzo la experiencia visual con el mundo conceptual que había construido antes a través del oído y el tacto. Si bien Meltzoff demostró que el cerebro humano tiene la capacidad de establecer correspondencias espontáneas entre las modalidades sensoriales, esta capacidad se atrofia al quedar en desuso durante el curso de una vida ciega.

En cambio, las correspondencias son naturales entre modalidades sensoriales que ejercitamos desde la infancia. Casi todos creemos que el color rojo es cálido y el azul es frío. Hay un puente sinestésico entre la sensación térmica y la cromática.

Mi amigo y colega Edward Hubbard, junto con Vaidyanathan Ramachandran, generó las dos formas que vemos acá. Una es Kiki y la otra es Bouba. La pregunta: ¿cuál es cuál?

Casi todos opinan que la de la izquierda es Bouba y la de la derecha es Kiki. Parece obvio, como si no pudiera ser de otra manera. Sin embargo, hay algo extraño en esta correspondencia; es como si alguien tuviese *cara de Carlos*. Sucede que en las vocales /o/ y /u/ los labios forman un círculo amplio, que se corresponde con la redondez de Bouba. En cambio para pronunciar la /k/, la parte posterior de la lengua sube y toca el paladar en una configuración angulosa. Algo parecido, con la lengua casi muy cerca del paladar, sucede también con la /i/. Así, la forma puntiaguda se corresponde naturalmente con el nombre Kiki.

Estos puentes tienen en muchos casos un origen cultural, forjado por el lenguaje. Por ejemplo, casi todo el mundo piensa que el pasado está atrás y el futuro, adelante. Pero esto es una arbitrariedad. Por ejemplo, los aymaras, un pueblo originario de la región andina de América del Sur, conciben la asociación entre el tiempo y el espacio de manera distinta. En aymara, la palabra "nayra" significa pasado pero también significa al frente, en vista. Y la palabra "quipa", que significa futuro, también indica atrás. Es decir que en el lenguaje aymara el pasado está adelante y el futuro, atrás. Sabemos que esto refleja su manera de pensar, porque expresan esta relación también con el cuerpo. Los aymaras extienden los brazos hacia atrás para referirse al futuro y hacia el frente para aludir al pasado. Si bien esto a priori nos resulta extraño, cuando ellos lo explican parece tan razonable que dan ganas de cambiarlo; dicen que el pasado es lo único que conocemos, lo que los ojos ven y está, por lo tanto, al frente. El futuro es lo desconocido, lo que los ojos no saben, y por eso está a nuestras espaldas. El flujo del tiempo para los aymaras sucede caminando marcha atrás, con lo que lo incierto, el futuro, se convierte en el relato del pasado, a plena vista.

Con el físico y lingüista Marco Trevisan y el músico Bruno Mesz nos preguntamos si existe una correspondencia entre la música y el sabor. Para responderlo hicimos un experimento atípico que reunió a músicos, cocineros y neurocientíficos. Varios músicos de formación popular, académica y contemporánea improvisaron en el piano sobre la base de los cuatro gustos canónicos: dulce, salado, amargo y ácido. Por supuesto, cada músico tenía estilos distintos, pero dentro de esta gran variedad encontramos que cada gusto inspiraba patrones consistentes: el amargo se correspondía con sonidos graves y continuos; el salado, con notas bien separadas unas de otras (*stacatto*); el ácido, con melodías muy agudas y disonantes; y el dulce, con música consonante, lenta y suave. Así pudimos *salar* canciones de Stevie Wonder o armar el disco *ácido* de los Beatles.

EL ESPEJO ENTRE LA PERCEPCIÓN Y LA ACCIÓN

La representación del tiempo es caprichosa. La frase "ya se acerca Navidad" es extraña. ¿Desde dónde se acerca? ¿Viene desde el sur, el norte, el oeste? En realidad, la Navidad no está en ningún lado, está en el tiempo. Esta frase, o su análoga, "ya nos acercamos a fin de año", esconde un principio de cómo organizamos el pensamiento. Lo hacemos en el cuerpo. Por eso hablamos de la *cabeza* de gobierno, de la *mano* derecha de una persona, del *culo* del mundo y otro cúmulo de metáforas[1] que reflejan que organizamos el pensamiento en un esquema definido por la forma de nuestro propio cuerpo. Y por eso, cuando pensamos en las acciones ajenas lo hacemos actuándolas en primera persona, hablando en nuestra propia voz el discurso del otro, bostezando el bostezo del otro o riendo la risa del otro. Se puede hacer un experimento casero y sencillo para poner a prueba este mecanismo. Durante una conversación con otra persona, cruzá los brazos. Es muy probable que el otro también lo haga. Esto puede exagerarse a gestos más osados como tocarse la cabeza, rascarse o desperezarse. La probabilidad de que el otro te imite es bastante alta.

Este mecanismo depende de un sistema cerebral formado por *neuronas espejo*. Cada una de estas neuronas codifica gestos precisos, como mover un brazo o abrir la mano, pero lo hace de manera indistinta si la acción es propia o ajena. Así como el cerebro tiene un mecanismo que de forma espontánea amalgama información de distintas modalidades sensoriales, el sistema espejo permite reunir —también espontáneamente— las acciones propias y las ajenas. Levantar el brazo y observar a alguien hacerlo son procesos muy distintos, pues uno es propio y el otro, no; uno es visual y el otro, motor. Sin embargo, desde un punto de vista conceptual, se asemejan bastante. Ambos corresponden en el mundo abstracto al mismo gesto. ¿Puede un neonato crear esta abstracción y entender que sus propias acciones se corresponden con la observación de las acciones de otro? A esto también apuntó Meltzoff para terminar de derribar la barricada empirista que piensa al cerebro como una *tabula rasa*.

---

[1] Mano y contramano, el ojo de la tormenta, los brazos del río, los dientes de ajo, las venas abiertas de América latina y este mismo pie de página.

Meltzoff propuso otro experimento: hizo caras y muecas de tres tipos a un bebé: sacar la lengua, abrir la boca y extender los labios, como en un beso, y observó que el bebé tendía a repetir cada uno de estos gestos. La imitación no era exacta ni sincrónica; el espejo no es perfecto, claro. Pero, en promedio, era mucho más probable que el bebé replicara el gesto observado, y no que produjera alguno de los otros. Es decir que los neonatos son capaces de asociar acciones observadas y acciones propias, aunque la imitación no tenga la precisión que luego adquiere con el lenguaje.

Los dos descubrimientos de Meltzoff —las asociaciones entre acciones propias y ajenas, y entre distintas modalidades sensoriales— fueron publicados en 1977 y 1979. Para 1980, el dogma empirista estaba casi destrozado. Para acabar con él, faltaba resolver un último misterio: el error de Piaget.[2]

---

[2] A lo largo del libro develamos "errores" en la historia de la psicología, la ciencia y la filosofía de la mente. Muchos de estos "errores" reflejan intuiciones y, por lo tanto, se replican en la historia de cada uno de nosotros. Son mitos que persisten más allá de la evidencia en contra porque corresponden a razonamientos naturales, intuitivos. Por obvio que sea, aclaro que cuando hablo de los errores de grandes pensadores lo hago desde la perspectiva privilegiada del que observa hechos que para ellos eran inaccesibles, es decir, mirando hacia atrás —o hacia adelante— el pasado. Es la diferencia que hay entre analizar un partido y jugarlo, o como jugar al Prode con el diario del lunes. Está claro que todos estos pensadores fueron magníficos visionarios y héroes de sus tiempos. Parto de la premisa de que la ciencia, y casi cualquier conjetura humana, es siempre aproximada y está en revisión permanente. Hablar del error de Piaget es, desde mi punto de vista, una suerte de oda, un reconocimiento de que sus ideas, si bien no siempre exactas, fueron hitos en la historia de nuestro conocimiento. Como decía Isaac Newton: "Si hemos visto más allá, es porque estamos sobre los hombros de gigantes". Esta es una versión de la historia del conocimiento más realista y menos celebrada que la fábula de la manzana caída como inspiración súbita. Va mi homenaje a todos los grandes predecesores que desde sus aciertos y errores cimentaron el camino que hoy tantos andamos.

¡EL ERROR DE PIAGET!

■ Uno de los experimentos más preciosos del célebre psicólogo suizo Jean Piaget es el llamado *A no B*. La primera parte funciona así: sobre una mesa hay dos servilletas, una a cada lado. A un bebé de diez meses se le muestra un objeto, que luego se cubre bajo la primera servilleta (llamada "A"). El bebé lo encuentra sin dificultades ni vacilaciones.

Detrás de esto, que parece muy sencillo, hay una proeza cognitiva conocida como permanencia de objetos: para encontrar el objeto hace falta un razonamiento que va más allá de lo que está en la superficie de los sentidos. El objeto no desapareció. Solo está oculto. Para comprenderlo es necesario tener un esquema del mundo en el que las cosas no se desintegran cuando dejamos de verlas. Esto, por supuesto, es abstracto.[3]

■ La segunda parte del experimento empieza de manera idéntica. Al mismo bebé de diez meses se le muestra un objeto, que luego se cubre bajo la servilleta "A". Pero entonces, y antes de que el bebé haga nada, el experimentador lo cambia de lugar y lo ubica bajo la otra servilleta (llamada "B"), asegurándose de que el bebé haya visto el cambio. Y ahí sucede lo extraño: el bebé levanta la servilleta donde había sido escondido en primer lugar, como si ignorara el cambio que acaba de observar.

Este error es ubicuo; sucede en todas las culturas y de manera casi indefectible en los bebés de alrededor de diez meses de vida. El expe-

---

[3] Todos los padres juegan a taparse y destaparse la cara. Los niños se matan de risa. Es el placer de entender y descubrir que los objetos no desaparecen cuando dejamos de verlos. Son pequeños científicos descubriendo con placer las reglas del universo.

rimento es contundente y preciso, y demuestra rasgos fundamentales de nuestra manera de pensar. Pero la conclusión de Piaget, para quien esto indica que los bebés de esa edad todavía no entienden de manera abstracta y plena la permanencia de objetos, es errónea.

Al revisitar el experimento, décadas después, la interpretación más plausible —y mucho más interesante— es que los bebés saben que el objeto cambió de lugar pero no pueden utilizar esa información. Tienen, como sucede durante el estado de ebriedad, un control muy volátil de sus acciones. Más precisamente, los chicos no tienen desarrollado a los diez meses el sistema de control inhibitorio, es decir, la capacidad de controlar algo que ya habían planeado hacer.

¿Cómo conocemos esto? Necesitamos evidencia de que saben que el objeto está en otro lugar y de que son incapaces de inhibir una acción ya preparada. En el camino veremos cómo ciertos aspectos del pensamiento que parecen sofisticados y elaborados —la moral o la matemática, por ejemplo— ya están esbozados desde el día en que nacemos. En cambio, otros que parecen mucho más rudimentarios, como refrenar una decisión, maduran sin prisa y sin pausa. Esto se debe al desarrollo lento de los circuitos cerebrales que controlan el sistema ejecutivo.

EL SISTEMA EJECUTIVO

Nos sumergimos así en esa torre de control del cerebro, en realidad, una red extensa distribuida fundamentalmente en la corteza prefrontal. Esta red organiza el sistema ejecutivo que se consolida lentamente con el desarrollo, se inhibe con el alcohol, se deteriora en la vejez con la demencia y nos constituye como seres sociales. Pongamos un ejemplo nimio. Cuando agarramos un plato caliente, el reflejo natural será soltarlo de inmediato. Pero un adulto, en general, inhibirá ese reflejo al evaluar rápidamente si tiene cerca un lugar donde apoyarlo para evitar que el plato se rompa.

El sistema ejecutivo gobierna, controla y administra todos estos procesos. Establece planes, resuelve conflictos, maneja el foco de nuestra atención e inhibe algunos reflejos y costumbres. La capacidad de gobernar nuestras acciones depende, entonces, de la integridad del sistema de función ejecutiva.[4] Si no funciona adecuadamente, dejamos caer el plato caliente, eructamos en la mesa o nos jugamos toda la plata al negro en la ruleta.

La corteza frontal está muy inmadura en los primeros meses de vida y se desarrolla de manera lenta, mucho más que otras regiones cerebrales. Por eso, los bebés solo pueden expresar versiones muy rudimentarias de las funciones ejecutivas.

La psicóloga y neurocientífica Adele Diamond hizo un trabajo exhaustivo y meticuloso, siguiendo el desarrollo fisiológico, neuroquímico y de habilidades ejecutivas durante el primer año de vida.

---

[4] Mientras hacía mi doctorado en Nueva York fui un día de visita a Boston, al laboratorio de Álvaro Pascual Leone. En aquel momento se empezaba a utilizar una herramienta llamada TMS (por la sigla en inglés de Estimulación Magnética Transcraneal). Con TMS podía inducirse, a través de un sistema de bobinas, una corriente muy tenue pero capaz de activar o inhibir una región cerebral. Cuando llegué, estaban haciendo un experimento en el que desactivaban la corteza frontal temporariamente. Me tentó la idea de experimentar en primera persona el desvanecimiento del sistema ejecutivo y me ofrecí como sujeto. Luego de que inhibieran la corteza frontal —de manera reversible— durante treinta minutos, empezó el experimento. Veía una letra y tenía que pensar palabras que empezaran con ella y luego pronunciarlas algunos segundos después. Esta espera depende del sistema ejecutivo. Con la corteza prefrontal inhibida era imposible esperar. Empezaba a nombrar las palabras compulsivamente, en el mismo momento que las pensaba. Entendía que tenía que esperar antes de decirlas, pero no podía hacerlo. Esta experiencia en tiempo real y en una suerte de disociación entre la primera persona —que actuaba— y la tercera persona —que observaba— me sirvió para entender en carne propia los límites de lo que podemos hacer más allá del deseo y de la voluntad, en dominios cognitivos en apariencia muy simples. Es muy difícil, si uno no lo experimenta, ponerse en el lugar del que no puede hacer lo que casi todos hacemos con naturalidad y sencillez.

Encontró justamente que hay una relación precisa entre algunos aspectos del desarrollo de la corteza frontal y la capacidad que los chicos tienen para resolver la tarea *A no B* de Piaget.

¿Qué le impide a un bebé resolver este problema en apariencia tan sencillo? ¿Será que no puede recordar las distintas posiciones en las que puede estar escondido el objeto? ¿Será que no entiende que el objeto cambió de lugar? ¿O será, como sugería Piaget, que ni siquiera entiende en profundidad que el objeto no cesa de existir cuando se esconde tras una manta? Manipulando todas las variables en el experimento de Piaget —la cantidad de veces que un chico repite la misma acción, el tiempo que recuerda de memoria la posición del objeto y la manera en que expresa su conocimiento—, Diamond pudo demostrar que el engranaje clave que impide resolver esta tarea es su incapacidad de inhibir la respuesta que ya tiene preparada, y cimentó así un cambio de paradigma: el desarrollo cognitivo no es la mera adquisición de nuevas habilidades y conocimientos. Un factor clave de ese desarrollo es aprender a inhibir hábitos que impiden expresar lo que ya se conoce.

EL SECRETO DE SUS OJOS

Sabemos entonces que un bebé de diez meses no puede evitar la tentación de llevar el brazo hacia donde ya había planeado, aun cuando entienda que el objeto que desea alcanzar ha cambiado de lugar. Sabemos también que esto tiene que ver con una inmadurez bastante específica de la corteza frontal en circuitos y moléculas que manejan el control inhibitorio. Pero ¿cómo sabemos que efectivamente entiende que el objeto está escondido en un nuevo lugar?

La clave está en la mirada. Mientras los chicos dirigen el brazo hacia el lugar equivocado, miran decididamente hacia el lugar correcto. La mirada y las manos apuntan a lugares distintos. La mirada denota que saben dónde está; las manos, que no pueden inhibir el reflejo equivocado. Son —somos— un monstruo de dos cabezas. En este caso, al igual que en tantos otros, la diferencia entre los chicos y los adultos no es lo que conocen sino cómo pueden actuar a partir de ese conocimiento.

De hecho, la manera más efectiva para conocer lo que piensa un chico suele ser observar su mirada.[5] Con la premisa de que los chicos miran más detenidamente aquello que les sorprende, se puede armar una larga serie de juegos para descubrir qué pueden distinguir y qué no, y de esa forma indagar acerca de sus representaciones mentales. Así se descubrió, por ejemplo, que un día después de nacer los bebés ya tienen formada una noción de numerosidad, algo que antes parecía imposible de determinar.

El experimento funciona de esta forma. Se le muestra a un bebé una serie de imágenes. Tres patos, tres cuadrados rojos, tres círculos azules, tres triángulos, tres palitos… La única regularidad en esta secuencia es ese elemento abstracto y sofisticado: la trinidad. Luego aparecen dos imágenes. Una tiene tres flores y la otra, cuatro. ¿Cuál miran más los neonatos? La mirada es variable, por supuesto, pero de manera consistente se detiene más tiempo en la de cuatro flores. Y no es que miren las imágenes con más cosas. Si durante un rato largo viesen una secuencia de cuatro objetos, luego mirarían por más tiempo una que tuviera tres. Es más bien como si se aburrieran de ver siempre la misma cantidad de objetos y descubrieran con sorpresa una imagen que rompe la regla.

---

[5] La mirada también es uno de los elementos más reveladores del pensamiento adulto, de cómo razonamos o qué anhelamos. No solo sirve para adquirir conocimiento, sino que también habla de quiénes somos. Pero, a diferencia de los niños pequeños, los adultos saben que la mirada los delata. Ahí nace el pudor que se expresa tan contundentemente en uno de los laboratorios naturales más espectaculares para estudiar la *microsociología* humana: el ascensor.

Liz Spelke y Veronique Izard demostraron que la noción de numerosidad persiste incluso si las cantidades se expresan en distintas modalidades sensoriales. Si un neonato escucha una serie de tres *bips*, espera que luego haya tres objetos y se sorprende al no ser así. O sea, supone una correspondencia de cantidades entre la experiencia auditiva y la visual, y si no se cumple esta regla abstracta, su mirada es más notoria. Lo extraordinario es que estamos hablando de chicos recién nacidos, de unas pocas horas de vida, que ya tienen los cimientos de la matemática en su aparato mental.

EL DESARROLLO DE LA ATENCIÓN

Las facultades cognitivas no se desarrollan homogéneamente. Algunas, como la capacidad de formar conceptos, son innatas. Otras, como las funciones ejecutivas, están apenas esbozadas en los primeros meses de vida. El ejemplo más claro y conciso de esto es el desarrollo de la red atencional. La atención, en neurociencia cognitiva, se refiere a un mecanismo que permite focalizar selectivamente en un aspecto particular de la información e ignorar otros elementos concurrentes.

Todos batallamos alguna vez —más de una vez— con la atención. Por ejemplo, cuando hablamos con alguien y muy cerca de nosotros hay otra conversación en la que se habla de un tema que nos interesa.[6] Por cortesía, uno quiere permanecer focalizado en su interlocutor, pero la audición, la mirada y el pensamiento en general se dirigen por su propia fuerza hacia otro lado. Aquí reconocemos dos ingredientes que dirigen y orientan la atención: uno endógeno, que sucede desde adentro, por una voluntad propia de concentrarse en algo, y otro exógeno, que sucede por un estímulo externo. Manejar un auto, por ejemplo, es otra situación de tensión entre estos sistemas, pues quere-

---

[6] Por ejemplo, escuchar el nombre propio es un imán para la atención.

mos que la atención esté en la ruta pero no ayuda que a los costados haya carteles con ofertas tentadoras, luces brillantes, paisajes hermosos. Todos elementos que, como bien saben los publicistas, disparan los mecanismos de atención exógena.

Michael Posner, uno de los padres fundadores de la neurociencia cognitiva, desgranó los mecanismos de la atención[7] y encontró cuatro elementos constituyentes:

1) La orientación endógena.
2) La orientación exógena.
3) La capacidad de mantener la atención.
4) La capacidad de *desengancharla*.

También descubrió que cada uno de estos procesos involucra sistemas cerebrales distintos, que se extienden a lo largo de la corteza frontal, parietal y el cingulado anterior. Descubrió, además, que cada una de estas piezas de la maquinaria atencional se desarrolla a su propio tiempo y no al unísono.

Por ejemplo, madura mucho antes el sistema que permite orientar la atención hacia un nuevo elemento (atención endógena) que el que permite desengancharse de este. Por eso, retirar voluntariamente la atención de algo es mucho más difícil que lo que suponemos. Conocer esto puede mejorar enormemente el trato con un chico; un ejemplo claro, cómo remediar el llanto desconsolado de un niño pequeño. Un truco que algunos padres descubren espontáneamente, y que surge de forma natural cuando se entiende el desarrollo de la atención, es el de no pedirle a un bebé que deje de llorar de una vez, sino ofrecerle otra opción que le llame la atención. Entonces, casi por obra de magia, el llanto desconsolado se detiene *ipso facto*, y uno

---

[7] Cansado de escuchar conversaciones ajenas en que hablaban de las películas de Kevin Costner.

entiende además que no había pena ni dolor, sino que el llanto era, en realidad, pura inercia. Pero no es magia ni casualidad, y sucede de la misma forma para todos los chicos del mundo. Esto refleja cómo somos —fuimos— en este período del desarrollo: capaces de llevar nuestra atención hacia algo frente a un estímulo exógeno, e incapaces de *desengancharla* voluntariamente.

Desgranar los elementos constitutivos del pensamiento permite una relación mucho más fluida entre las personas. Ningún padre le pediría un niño de seis meses que corriera, y mucho menos se frustraría si eso no sucediera. Del mismo modo, conocer el desarrollo de la atención puede evitarle a un padre pedirle a su hijo lo imposible, que deje de llorar de una vez.

EL INSTINTO DEL LENGUAJE

Además de estar conectado para formar conceptos, el cerebro de un neonato también está predispuesto para el lenguaje. Esto puede sonar raro. ¿Está predispuesto para el francés, el japonés o el ruso? En realidad, el cerebro está predispuesto para todas las lenguas porque todas tienen, en el vastísimo espacio de los sonidos, muchas cosas en común. Esta fue la idea revolucionaria del lingüista Noam Chomsky.

Todos los lenguajes tienen propiedades estructurales similares. Se organizan en una jerarquía auditiva de fonemas que se agrupan en palabras, que a su vez se asocian para formar frases. Y estas frases están organizadas sintácticamente, con una propiedad de recursión que le da al lenguaje su gran versatilidad y efectividad. Sobre esta premisa empírica, Chomsky planteó que la adquisición del lenguaje en la infancia está bien limitada y guiada por la organización constitutiva del cerebro humano. Este es otro argumento en contra de la noción de *tabula rasa*: el cerebro tiene una arquitectura muy precisa que, entre otras cosas, lo hace idóneo para el lenguaje. El

LA VIDA SECRETA DE LA MENTE

argumento de Chomsky tiene otra ventaja, pues explica por qué los niños pueden aprender con tanta naturalidad el lenguaje a pesar de que esté repleto de reglas gramaticales muy sofisticadas y casi siempre implícitas.

■ Hoy hay un cúmulo de demostraciones que validan esta idea. Una de las más astutas la presentó Jacques Mehler, quien hizo que bebés franceses de menos de cinco días de vida escucharan una sucesión de frases diferentes pronunciadas por varios vocalizadores de distinto género. Lo único común a todas las frases era el lenguaje en holandés. Cada tanto, abruptamente, las frases cambiaban al japonés. Trataba de ver si ese cambio sorprendía a un bebé, lo cual revelaría que eran capaces de codificar y reconocer un idioma.

En este caso, la manera de medir la sorpresa no era la persistencia de la mirada sino la intensidad de succión de un chupete. Mehler encontró que, efectivamente, cuando cambiaba el idioma, los bebés succionaban más —cual Maggie Simpson—, lo cual indica que perciben que sucede algo relevante. La clave es que eso no ocurría si se repetía el mismo experimento con el sonido de todas las frases invertido, como cuando se pasa un disco al revés. Esto significa que los bebés no tienen la habilidad de reconocer cualquier clase auditiva sino que están afinados específicamente para procesar lenguajes.

Solemos pensar que lo innato es opuesto a lo aprendido. Otra manera de verlo, pensar que lo innato es, en realidad, algo aprendido en la cocina lenta de la historia evolutiva del hombre. Así, si es cierto —como propone Chomsky— que el cerebro de un neonato está predispuesto para el lenguaje, resulta natural suponer que esta capacidad no surgió de golpe en la historia evolutiva. Al contrario, debería haber huellas y precursores del lenguaje en nuestros primos evolutivos. Esto es precisamente lo que probó el grupo de Mehler al evidenciar que los monos también tienen sensibilidades auditivas afinadas para el lenguaje. Al igual que los bebés, los monos tamarindo reaccionaron con la misma sorpresa cada vez que cambiaba el idioma de las frases que escuchaban en un experimento. La revelación era espectacular y tomó vuelo mediático bajo el título "Los monos hablan japonés", un buen ejemplo de cómo destruir un resultado científico precioso con un título inmundo.

El lenguaje materno

El cerebro está preparado y predispuesto para el lenguaje desde el día en que nacemos. Pero esta predisposición no se materializa sin experiencia social, sin ejercitarla con otras personas. Esto lo sabemos por los casos de algunos *niños salvajes* que crecen ajenos a todo contacto con la sociedad humana. Uno de los más emblemáticos es Kaspar Hauser, retratado magníficamente en la película homónima de Werner Herzog. La predisposición del cerebro para un lenguaje universal se afina en el contacto con los demás, adquiriendo conocimientos nuevos (reglas gramaticales, palabras, fonemas) o desaprendiendo diferencias que son irrelevantes para el lenguaje materno.

La especialización del lenguaje sucede primero con los fonemas. En el español tenemos cinco vocales, mientras que en el francés hay dieciséis. La mayoría de estas vocales para nosotros, los hispanoparlantes, suena igual. Pero, por supuesto, las palabras no lo son; *cou* —que nosotros pronunciaríamos *cu*— es cuello y *cul* —que también pronunciaríamos *cu*— es culo. Lo que nosotros percibimos como dos "u" iguales, en realidad son muy distintas para un francoparlante, tanto como una "e" y una "a" para los hispanoparlantes. Pero lo más interesante es que también eran diferentes para cada uno de nosotros durante los primeros meses de vida. En ese momento éramos capaces de detectar diferencias que hoy nos resultan imposibles.

En efecto, aunque suene rarísimo, un bebé tiene un cerebro universal para el lenguaje capaz de distinguir los contrastes fonológicos de todas las lenguas. Con el tiempo, cada cerebro desarrolla sus propias categorías y barreras fonológicas que dependen del uso específico de su lenguaje. Para entender que la "a" pronunciada por distintas personas, en varios contextos, a diversas distancias, resfriadas o no, corresponde a la misma "a", hay que establecer una categoría de sonidos. Hacer esto significa, indefectiblemente, perder resolución. Esos bordes para identificar fonemas en el espacio de sonidos se establecen entre los seis y los nueve meses de vida. Y dependen, por supuesto, del lenguaje que escuchemos durante el desarrollo. Es la edad en que nuestro cerebro deja de ser universal.

Pasada la etapa en que se consolidan los fonemas, les llega el turno a las palabras. Acá se da una paradoja que en principio parece de difícil solución. ¿Cómo hace un bebé para saber cuáles son las palabras de un lenguaje? El problema no es solo cómo hacer para aprender el significado de las miles de palabras que lo constituyen. Cuando alguien escucha por primera vez una frase en alemán, no solo no sabe qué quiere decir cada palabra sino que no puede distinguirlas en el continuo sonoro de una frase. Esto se debe a que en el lenguaje hablado no existe una pausa equivalente al espacio entre las palabras escritas. Esdecirqueescucharaalguienhablandoseparecaatratardeleeresto.[8] Y si un bebé no sabe cuáles son las palabras de un lenguaje, ¿cómo hace para poder reconocerlas en esta maraña?

Una solución es hablarles —como lo hacemos— a los bebés en un lenguaje ralentizado y con pronunciación exagerada. En inglés se utiliza la expresión *motherese* para referirse a ese discurso. En el *motherese* se producen, naturalmente, pausas entre las palabras, lo que facilita la heroica gesta de un bebé para dividir una frase en las palabras que la constituyen.

---

[8] Losgriegosenlaantigüedadescribíanasísinpalabrasyeratodoungranjeroglífico.

Pero esto no explica *per se* cómo los chicos, a los ocho meses, ya empiezan a formarse un repertorio vasto de palabras, muchas de las cuales no saben ni siquiera qué significan. Para ello, el cerebro utiliza un principio similar al que muchas computadoras sofisticadas implementan para detectar patrones, conocido como aprendizaje estadístico. La receta es simple. Se trata de identificar la frecuencia de las transiciones entre sílabas. Como la palabra *perro* es frecuente, toda vez que escucha la sílaba "pe", hay una probabilidad alta de que sea sucedida por la sílaba "rro". Por supuesto, estas son solo probabilidades, pues a veces la palabra pronunciada será *pena* o *pelota*, pero un niño descubre, a través de un cálculo intenso de estas transiciones, que la sílaba "pe" tiene un número relativamente pequeño de sucesores frecuentes. Y así, al formar puentes entre las transiciones más frecuentes, puede amalgamar sílabas y descubrir las palabras. Esta forma de aprendizaje, por supuesto no consciente, se asemeja a la que utilizan los teléfonos *inteligentes* para completar las palabras con la extensión que les parece más probable y factible; ya lo sabemos, tampoco son perfectos.

Así es que los chicos no aprenden las palabras lexicalmente, como si llenaran un diccionario en el que cada una se asocia a su significado o a una imagen. En mayor medida, el primer acercamiento a las palabras es rítmico, musical, prosódico. Solo después se tiñen de significado. Marina Nespor, una extraordinaria lingüista, sugiere que una de las dificultades para estudiar un segundo lenguaje en la vida adulta es que ya no utilizamos este procedimiento. Cuando un adulto aprende un idioma, suele hacerlo desde el aparato consciente y de forma deliberada; intenta adquirir las palabras como si las memorizara de un diccionario y no a partir de la música del lenguaje. Sostiene Marina que si imitáramos el mecanismo natural de consolidar primero la música de las palabras y las regularidades de entonación de la lengua, el aprendizaje sería mucho más sencillo y efectivo.

Niños de Babel

Uno de los ejemplos más apasionantes y debatidos de la colisión entre predisposiciones biológicas y culturales es el bilingüismo.[9] Por un lado, una intuición muy común es: "pobre pibe, hablar ya es difícil, si encima tiene que hablar en dos idiomas se va a hacer un embrollo". Pero el riesgo de confusión se matiza con la percepción de que el bilingüismo implica cierto virtuosismo cognitivo.

El bilingüismo, en realidad, ofrece un ejemplo concreto de cómo algunas normas sociales se establecen sin ninguna reflexión racional. La sociedad suele considerar al monolingüismo una norma, por lo que el rendimiento de los bilingües se percibe como un déficit o un incremento en relación con ella. Esto no es una mera convención. Los niños bilingües tienen una ventaja en las funciones ejecutivas, pero esto nunca se percibe como un déficit de los monolingües en su potencial desarrollo. Curiosamente, la norma monolingüe no está definida por su popularidad; de hecho, la mayoría de los niños del mundo crece en ambientes multilingües.

La investigación en neurociencia cognitiva mostró de forma concluyente que, contra la creencia popular, los hitos más importantes en la adquisición del lenguaje —el momento de comprensión de las primeras palabras, el desarrollo de frases, entre otros— son muy similares entre monolingües y bilingües. Una de las pocas diferencias es que, durante la infancia, los monolingües tienen un vocabulario más amplio. Sin embargo, este efecto desaparece —e incluso se revierte— cuando al vocabulario se agregan las palabras que un bilingüe maneja en los dos idiomas.

---

[9] De chico, Bernardo Houssay vivía con sus abuelos italianos. Sus padres hablaban poco esa lengua, y él y sus hermanos, nada. Así que él creía que las personas, al envejecer, se volvían italianas.

Un segundo mito popular es que no hay que mezclar los idiomas y que cada persona tiene que hablarle a un niño siempre en la misma lengua. Eso no es así. Hay estudios en bilingüismo de padres que hablan cada uno un solo idioma, muy típico en zonas de fronteras, como un esloveno y un italiano. En otros estudios en regiones bilingües como Quebec o Cataluña, los dos padres hablan indistintamente los dos idiomas. Los hitos de desarrollo en estas dos situaciones son idénticos. Y la razón por la cual a los bebés no los confunde que la misma persona hable los dos idiomas es que, para producir los fonemas de cada lenguaje, se dan indicaciones gestuales —la manera de mover la boca y la cara— sobre qué lengua está hablando. Digamos que uno pone *cara de* francés o de italiano. Estas claves son fáciles de reconocer para un bebé.

En cambio, otro cúmulo de evidencia indica que los bilingües tienen un desarrollo mejor y más rápido de las funciones ejecutivas, más específicamente, en su capacidad de inhibir y controlar la atención. Como estas facultades son críticas en el desarrollo educativo y social de un chico, la ventaja del bilingüismo parece ahora bastante notoria.

¿Cuáles son los mecanismos cerebrales que permiten a los bilingües lograr mejores resultados en las funciones ejecutivas? La capacidad de alternar rápidamente entre distintas tareas —más conocido como *task-switching*— es una de las situaciones más demandantes para el sistema ejecutivo. Cuando un bilingüe se desenvuelve en este tipo de circunstancias, comparado con un monolingüe, suceden dos cosas; la primera, se activan redes cerebrales del lenguaje, incluso en tareas no lingüísticas, y la segunda, se activa mucho menos el cingulado anterior, una estructura profunda en la parte frontal del cerebro, un centro fundamental para la coordinación de la atención. Es decir, los bilingües pueden reciclar aquellas estructuras cerebrales que en los monolingües están fuertemente especializadas para el lenguaje, y utilizarlas como andamios para manejar el control cognitivo.

Hablar más de un idioma también cambia la anatomía del cerebro. Los bilingües tienen mayor densidad de materia blanca —es decir de axones o *cables*— en el cingulado anterior que los monolingües. Y este efecto no es exclusivo de la niñez. De manera más general, el bilingüismo a lo largo de toda la vida se correlaciona con la robustez de la materia blanca. Esto es particularmente relevante en edades avanzadas, porque la integridad de las conexiones es un elemento decisivo de la reserva cognitiva. Esto explica por qué los bilingües, aun cuando se compense la edad, el nivel socioeconómico y otras variables relevantes, son menos propensos a desarrollar demencias seniles.

En resumen, el estudio del bilingüismo nos sirve para derribar dos mitos y concluir que el desarrollo del lenguaje no se ralentiza en los niños bilingües y que los idiomas pueden mezclarse sin problema. Además, el bilingüismo se extiende a un área vital del desarrollo de un chico, el control cognitivo. Esto ayuda a superar las dificultades intrínsecas de las funciones ejecutivas durante el desarrollo. El bilingüismo ayuda a un chico a ser piloto de su propio pensamiento. Esta capacidad resulta decisiva en su inserción social, su salud y su perspectiva de futuro. Quizá debamos, entonces, promover el bilingüismo. Entre tanta oferta poco efectiva y costosa para estimular el desarrollo cognitivo, esta es una manera mucho más sencilla, bella y ancestral de hacerlo.

UNA MÁQUINA DE CONJETURAR

Los niños, desde muy pequeños, tienen un mecanismo sofisticado para indagar y construir conocimiento. Todos fuimos científicos en nuestra niñez,[10] y no solo por una vocación exploratoria, por andar

---

[10] En su precioso libro *El arte*, Juanjo Sáez cuenta: "Leí una entrevista con Julian Schnabel, artista y director de cine. Decía, para hacerse el importante, que él empezó a dibujar a los cinco años. ¡Como si hubiera sido un niño superdotado! ¡Qué farsante! Todos dibujamos cuando somos niños y, después, unos lo dejan y otros no".

rompiendo cosas para ver cómo funcionan —funcionaban—, o atosigar con *porqués* hasta el infinito. Lo fuimos también por el método que utilizamos para descubrir el universo.

La ciencia tiene la virtud de poder construir teorías a partir de datos ambiguos y escasos. De los magros restos de luz de algunas estrellas muertas, los cosmólogos pudieron construir una teoría efectiva sobre el origen del universo. El procedimiento científico es especialmente efectivo cuando se conoce el experimento preciso para dirimir entre distintas teorías. Y los chicos son virtuosos en este oficio.

Un juego con botones (pulsadores, llaves o palancas) y funciones (luces, ruido y movimiento) es como un pequeño universo. Al jugar, un chico hace intervenciones que le permiten develar los misterios y descubrir las reglas causales de este universo. Jugar es descubrir. De hecho, la intensidad de juego de un chico depende de la incertidumbre que tiene respecto de las reglas que lo gobiernan. Además, cuando un chico no sabe cómo anda una máquina sencilla, suele jugar espontáneamente de una manera que resulta ser la más efectiva para descubrir el mecanismo de funcionamiento. Esto se parece mucho a un aspecto preciso del método científico: la indagación y exploración metódica para descubrir y desambiguar relaciones causales en el universo.

Pero los chicos hacen ciencia en un sentido más fuerte: construyen teorías y modelos de acuerdo con la explicación más plausible de los datos que observan.

■ Hay muchas demostraciones de esto, pero la que más elegante —y preciosa— funciona de esta forma: la historia empieza en 1988 con un experimento de Andrew Meltzoff —otra vez— en el que se produce la siguiente escena. Un actor entra en un cuarto y se sienta frente a una caja sobre la cual hay un gran pulsador de plástico. Lo aprieta con la cabeza y, como si se tratara de una máquina de fichas que paga una gran apuesta, se produce una fanfarria de luces de colores y sonidos. Luego, un bebé de un año que observaba la escena se sienta frente a la misma máquina en el regazo de la madre. Y entonces, espontáneamente, inclina el torso y aprieta el botón con la cabeza.

¿Habrá simplemente imitado al actor o habrá descubierto una relación causal entre los botones y las luces? Para dirimir estas dos posibilidades hacía falta un nuevo experimento como el que propuso el psicólogo húngaro György Gergely, catorce años después. Meltzoff pensaba que, al apretar el pulsador con la cabeza, los chicos estaban imitando. Gergely tenía otra idea mucho más osada e interesante. Los chicos entienden que el adulto es inteligente y, por eso, razonan que si no pulsó el botón con la mano, lo más natural, fue porque hacerlo con la cabeza era estrictamente necesario. Es decir que su razonamiento resulta mucho más sofisticado e incluye una teoría de cómo funcionan las cosas y las personas.

■ ¿Cómo se detecta este razonamiento en un chico que todavía no sabe hablar? Gergely lo resolvió de manera simple y elegante. Imaginá una situación análoga de la vida cotidiana. Una persona viene caminando con las manos cargadas de bolsas y abre un picaporte con el codo. Todos entendemos que los picaportes no se abren con los codos y que lo hizo así porque no le quedaba otra. ¿Qué pasa si replicamos esta idea en el experimento de Meltzoff? Viene el mismo actor, cargado de bolsas, y pulsa el botón con la cabeza. Si los bebés simplemente imitan, harán lo mismo. Pero si, en cambio, son capaces de pensar lógicamente, entenderán que el actor lo hizo con la cabeza porque tenía las manos ocupadas y, por lo tanto, que para que se encienda la fanfarria de luces y sonidos basta con apretar el botón, no importa cómo ni con qué.

Dicho y hecho. El chico observa al actor que, con las manos ocupadas, pulsa el botón con la cabeza. Luego se sienta en el regazo de la madre y pulsa el botón con las manos. Es el mismo chico que cuando vio al actor hacer lo mismo pero con las manos libres, había pulsado el botón con la cabeza.

Los chicos de un año construyen teorías sobre cómo funcionan las cosas de acuerdo con lo que observan. Y entre las observaciones incluyen ponerse en la perspectiva del otro, de cuánto conoce, qué puede y qué no puede hacer. Es decir, están haciendo ciencia.

EL BUENO, EL FEO Y EL MALO

Empezamos este capítulo con los argumentos de los empiristas, según los cuales todo el razonamiento lógico y abstracto sucede luego de haber adquirido el lenguaje. Pero vimos, sin embargo, que incluso los recién nacidos forman conceptos abstractos y sofisticados, tienen nociones matemáticas y esgrimen nociones del lenguaje. A los pocos meses de vida, ya exhiben una trama lógica muy sofisticada que difícilmente imaginaríamos. Ahora vamos a ver que los niños antes de hablar han forjado también nociones morales, quizás uno de los pilares fundamentales de la trama social humana.

Tal como sucede con los conceptos numéricos y lingüísticos, la riqueza mental sobre nociones morales de los chicos está enmascarada por su incapacidad de gobernarla. La torre de control inmadura hace que las ideas de lo bueno, lo malo, lo justo, la propiedad, el robo y el castigo, que ya están bastante instaladas en los niños pequeños, no puedan expresarse con fluidez.

■ Uno de los experimentos científicos más sencillos y contundentes para demostrar los juicios morales en bebés lo hizo Karen

Wynn en un teatro de marionetas de madera con tres personajes: un triángulo, un cuadrado y un círculo. En el experimento, el triángulo sube a lo largo de una colina. Cada tanto recula para luego volver a subir y así, lentamente, va progresando hasta llegar cada vez más alto. A cualquiera que ve esto le da una impresión muy vívida de que el triángulo tiene una intención (subir) y que le cuesta esfuerzo. Por supuesto que el triángulo no tiene deseos ni intenciones reales, pero es propio de la mente humana asignar creencias y crear explicaciones narrativas de lo que observamos.

En medio de esta escena aparece un cuadrado y choca con el triángulo, empujándolo hacia abajo. Visto con los ojos de un adulto, el cuadrado es claramente un infame. En otros casos, mientras el triángulo sube, aparece un círculo y lo empuja hacia arriba. Sería, para nosotros, un círculo noble, solidario y gentil.

Esta concepción de círculos buenos y cuadrados malos necesita una narrativa —automática e inevitable para los adultos— que, por un lado, asigne intenciones a cada objeto —si no, frases como "la silla se puso en mi camino" serían claramente imposibles— y, por otro, juzgue moralmente a cada ente de acuerdo con este cuerpo de intenciones.

Asignamos intenciones a otras personas pero también a plantas ("los girasoles buscan el sol"), construcciones sociales abstractas ("la historia me absolverá" o "el mercado castiga a los inversores"), entidades teológicas ("si Dios quiere") y máquinas ("maldito lavarropas"). Esta capacidad de teorizar, de convertir datos en fábulas, es la semilla de toda la ficción. Por eso podemos llorar frente a un televisor —es extraño llorar porque les sucede algo a unos pixeles de pocos milímetros en una pantalla— o destruir bloques en un iPad como si estuviésemos en una trinchera francesa durante la Primera Guerra Mundial.

En el espectáculo de marionetas de Wynn solo hay triángulos, círculos y cuadrados, pero nosotros *vemos* uno que se esfuerza, un malvado que lo molesta y un bondadoso que lo ayuda. Es decir que, como adultos, tenemos una propensión automática a asignar valores morales. ¿Un bebé de seis meses de vida también tiene formado este pensamiento abstracto? ¿Será capaz de formar espontáneamente conjeturas morales? No lo sabremos de su relato preciso, porque no habla, pero podemos descubrir esta narrativa observando sus preferencias. El secreto permanente de la ciencia consiste, justamente, en encontrar una manera de relacionar aquello que uno quiere saber —en este caso, si los bebés forman conceptos morales— con lo que uno puede medir (qué eligen).

Y sucede que los bebés de seis meses, antes de gatear, caminar o hablar, cuando apenas están descubriendo cómo sentarse y comer con una cuchara, ya son capaces de inferir intenciones, deseos, bondades y maldades a partir de una trama de movimiento.

EL QUE ROBA A UN LADRÓN…

La construcción de la moral es, por supuesto, mucho más sofisticada. No basta que alguien ayude para que podamos juzgar y sentir que esa persona es buena o mala. Hay que tener en cuenta a quién ayuda y en qué circunstancias. Por ejemplo, ayudar a un ladrón suele ser considerado innoble. ¿Preferirían los bebés al que ayuda a un ladrón o al que lo agrede? Estamos en aguas pantanosas de los fundamentos de la moral y el derecho. Pero incluso en este mar de confusión, los bebés de entre nueve meses y un año ya tienen una opinión formada.

■ El experimento que lo demuestra funciona así. Los bebés ven un títere que trata de levantar la tapa de una caja para sacar un juguete. Luego aparece una marioneta que lo ayuda y se lo alcanza.

En otra escena se muestra, en cambio, una marioneta antisocial que maliciosamente salta sobre la caja, cerrándola de golpe e impidiendo al títere que saque el juguete. Puestos a elegir entre las dos marionetas, los chicos prefieren a la que ayuda. Pero aquí Wynn iba por algo mucho más interesante: identificar qué opinan los bebés sobre el robo a un malhechor, mucho antes de que conozcan estas palabras.

Para esto hizo un tercer acto del teatro de marionetas, y la que ayudó a acercar el juguete al títere ahora pierde una pelota. En algunos casos, en este jardín de senderos que se bifurcan, un nuevo personaje entra en escena y se la devuelve. A veces, otro personaje entra, se la roba y huye. Los bebés prefieren al que devuelve la pelota.

Pero lo más interesante y misterioso es lo que ocurre cuando estas escenas se suceden con la marioneta antisocial que saltaba maliciosamente sobre la caja. En este caso, los bebés cambian su preferencia. Simpatizan con el que roba la pelota y corre. Para bebés de nueve meses, el que le da su merecido *al malo* es más querible que el que lo ayuda, al menos en ese mundo de marionetas, cajas y pelotas.[11]

Los bebés preverbales, incapaces todavía de coordinar la mano para agarrar un objeto, hacen algo mucho más sofisticado que juzgar al otro por las acciones que comete. Tienen en cuenta los contextos y la historia, lo que resulta ser una noción de justicia bastante desarrollada. Así de desproporcionadas son las facultades cognitivas durante el desarrollo inicial de un ser humano.

[11] ... en el que vivimos.

EL COLOR DE LA CAMISETA, FRESA O CHOCOLATE

Los adultos tenemos vicios no ecuánimes cuando juzgamos a los otros. No solo tenemos en cuenta la historia previa y el contexto de las acciones (lo que está bien), sino que opinamos muy distinto si el que comete las acciones, o al que le son cometidas, se parece a nosotros o no (lo que está mal).

A lo largo de todas las culturas, la gente tiende a formar más amistades, a tener más empatía con aquellos que se nos asemejan. En cambio, solemos juzgar más severamente y mostrar más indiferencia al sufrimiento de aquellos que son distintos. La historia está repleta de sucesos en que grupos humanos han apoyado masivamente, o en el mejor de los casos ignorado, la violencia dirigida a individuos que no se les asemejan. Esto se manifiesta incluso en la justicia formal. Los jueces suelen dictar condena, sin saberlo, influidos por el grado de similitud que tienen con la víctima o el condenado.

Las semejanzas que generan estas predisposiciones pueden ser por apariencia física, pero también por cuestiones religiosas, culturales, étnicas, políticas o deportivas. Estas últimas, por su presunta mayor inocencia —aunque, sabemos, pueden tener consecuencias dramáticas—, son las más fáciles de asimilar y reconocer. Uno forma parte de un consorcio, un club, una patria, un continente. Sufre y goza colectivamente con ese consorcio. El placer y el dolor es sincrónico entre miles de personas cuya única semejanza es la pertenencia tribal (un color, una camiseta, un barrio o una historia) que los amalgama en el sentimiento. Pero hay algo más. El placer por el sufrimiento de otras tribus. Brasil festeja la derrota argentina, y la Argentina, la de Brasil. El hincha de Boca grita fervorosamente el gol que le hacen a River. En el terreno de lo deportivo, uno deja fluir la *Schadenfreude*, el placer por el sufrimiento de los que no se nos asemejan.

¿Dónde empieza esta trama? Una posibilidad es que tenga un arraigo evolutivo ancestral, que la vocación por defender colectivamente lo propio en algún momento de la historia de la humanidad haya sido ventajosa y, por ende, adaptativa. Esto es solo una conjetura pero tiene una huella observable y precisa. Si la *Schadenfreude* es constitutiva de nuestro cerebro —fruto de un aprendizaje lento en la historia evolutiva—, debería expresarse temprano en nuestra vida, mucho antes de que establezcamos nuestras filiaciones políticas, deportivas o religiosas. Y es exactamente así como sucede.

Wynn repitió el experimento de robar o ayudar a un ladrón pero con una diferencia crucial: el ayudado o robado no era un ladrón, simplemente era alguien distinto. Sucedía otra vez en un teatro de marionetas. Antes de pasar al teatro, un bebé de entre nueve y catorce meses, sentado cómodamente sobre el regazo de su madre, elegía entre dos tipos de galletitas distintas. Aparentemente, esta decisión marca tendencias y pertenencias fuertes, como los que abogan de manera incondicional por el helado de sambayón o el de dulce de leche.

Luego entraban, sucesivamente y con una diferencia de tiempo considerable, dos marionetas. Una mostraba afinidad con el bebé y afirmaba que le encantaba aquello que él había elegido. Luego se iba y, al igual que antes, jugaba con la pelota, se le caía y lidiaba con dos marionetas distintas: una la ayudaba y la otra se la robaba. Los bebés preferían claramente a la que ayudaba. El que ayuda a uno similar, de la misma banda, es bueno. En cambio, cuando jugaba el que había elegido el gusto contrario —el distinto—, los bebés preferían al que le robaba la pelota. Como con el ladrón. Es la *Schadenfreude* gastronómica: el niño simpatiza con el que molesta al que tiene gustos distintos.

Las predisposiciones morales dejan trazas robustas y a veces insospechadas. La tendencia de los seres humanos a dividir el mundo social en grupos, a preferir el propio grupo e ir en contra de los otros se hereda, en parte, de predisposiciones que se expresan muy temprano en la vida. Un ejemplo particularmente estudiado es el lenguaje y el acento. Los niños pequeños miran más a una persona si tiene un acento similar y habla su lengua materna (otra razón para abogar por el bilingüismo). Con el tiempo, este sesgo de la mirada desaparece pero se transforma en otras expresiones. A los dos años, los bebés están más predispuestos a aceptar juguetes de aquellos que hablan su lengua materna. Luego, en la edad escolar, este efecto se hace explícito en los amigos que eligen. De adultos, ya conocemos las segregaciones culturales, afectivas, sociales y políticas que emergen del simple hecho de hablar lenguas distintas en comarcas cercanas. Pero esto no es solo propio del lenguaje. En general, los chicos a lo largo de su desarrollo eligen relacionarse con el mismo tipo de individuos al cual habrían dirigido preferencialmente su mirada en la primera infancia.

Como sucede con el lenguaje, estas predisposiciones se desarrollan, transforman y reforman con la experiencia. Por supuesto, no hay nada en nosotros que sea meramente innato, porque todo en cierta medida toma forma con la experiencia cultural y social. Pero el punto de partida de este libro es entender estas predisposiciones sin que eso sea, de ningún modo, una forma de avalarlas. Al contrario, revelarlas puede ser una herramienta para cambiarlas.

EMILIO Y LA LECHUZA DE MINERVA

En *Emilio, o De la educación*, Jean-Jacques Rousseau esboza cómo debe educarse a una persona para la ciudadanía. La educación de Emilio hoy sería un tanto exótica. Durante toda su infancia no escucha ninguna cháchara acerca de la moral, los valores cívicos, la política o la religión. No escucha ninguno de los argumentos que tanto vociferamos los padres actuales sobre cómo hay que compartir las cosas, ser considerados con los demás y tantos otros esbozos de argumentos de justicia. No. La educación de Emilio se parece mucho más a la que el profesor Miyagi le da a Daniel LaRusso en *Karate Kid*, pura praxis y nada de palabras.

Así, mediante la experiencia, Emilio aprende la noción de propiedad a los doce años, en pleno entusiasmo con el cultivo de su huerta. Un día llega con la regadera en la mano y ve su huerta destruida.

> ¡Ah!, ¿qué se ha hecho de mi trabajo, de mi obra, de mis sudores y afanes? ¿Quién me ha robado mi caudal? ¿Quién me ha robado mis habas? El tierno corazón se subleva y el primer sentimiento de la injusticia vierte en él su áspera amargura.

El tutor de Emilio, que destruyó su jardín adrede, confabula con el hortelano para que este se haga cargo del estrago y esboce una razón que lo ampare. Así acusa a Emilio de haber arruinado los melones que él había sembrado antes en ese mismo terreno. Emilio se encuentra inmerso en un conflicto entre dos principios jurídicos, la convicción de que las habas le pertenecen por haber trabajado para producirlas y el derecho previo del hortelano, poseedor legítimo de la tierra.

El tutor nunca le explicó estas nociones a Emilio, pero Rousseau sostiene que esa es la mejor introducción posible al concepto de propiedad y responsabilidad. Al meditar sobre esta situación dolorosa, por la pérdida y por haber descubierto la consecuencia de sus acciones en el sentimiento ajeno, Emilio entiende la necesidad del respeto mutuo para evitar conflictos como el que acaba de sufrir. Solo después de haber encarnado esta experiencia está preparado para reflexionar acerca de los contratos y los intercambios.

La fábula de Emilio tiene una moraleja clara: no saturar a nuestros niños con palabras que carecen de significación para ellos. Primero tienen que aprender el significado por medio de la experiencia concreta. Pese a que esta es una intuición recurrente del pensamiento humano, que se repite en grandes hitos en la historia de la filosofía y la educación,[12] hoy casi nadie sigue esta recomendación. Es más, casi todos los padres expresamos con el discurso una interminable enumeración de principios, que violamos al unísono en los hechos, como el uso del teléfono, lo que se come o no, lo que se comparte, decir *gracias*, *perdones* y *por favores*, no insultar, ya vas a ver cuando llegue Piaget.

Mi impresión es que toda la condición humana se expresa en una piñata. Si viniera un marciano y observara la complejísima trama que se dispara cuando se rompe el cartón y cae la lluvia de golosinas, entendería todos nuestros anhelos, vicios, compulsiones y represiones. La euforia y la tristeza. Vería al niño que acumula golosinas hasta que las manos no pueden retener más; al que golpea a otro para ganar ventaja y tiempo sobre un recurso limitado; al padre que alecciona a uno para que comparta su excesivo botín; al niño llorando en la esquina abrumado; los intercambios en el mercado oficial y en el mercado negro, y las sociedades de padres que se organizan cual microgobiernos para evitar la tragedia de

---

[12] Platón tiene la misma visión que Rousseau —o más bien, es Rousseau el que imita—. La educación tiene que comenzar por la música, la gimnasia y otros menesteres prácticos que entrenan las virtudes de un buen ciudadano de *La República*. Solo después de haber andado este largo camino se está presto para comprender la episteme, el verdadero conocimiento. Para Hegel también se educa primero por la acción y luego por el discurso. En la experiencia de la vigilia se adquiere el conocimiento, y la teoría solo levanta vuelo al caer la noche, como la lechuza de Minerva. Esta noción ha retomado gran vigor mediático, en autores como Paul Tough o Ken Robinson, que sugieren que la educación debería tener menos foco en el conocimiento (matemática, lenguaje, historia, geografía) y más en la práctica para promover virtudes tales como la motivación, el control o la creatividad.

los comunes. El filósofo Gustavo Faigenbaum, en Entre Ríos, y el psicólogo Philippe Rochat, en Atlanta, se propusieron entender este mundo. Básicamente, cómo se forja, entre intuiciones, praxis y mandatos, la noción de propiedad y de intercambios en los niños. Así inventaron la *sociología del pelotero*.

I, ME, MINE Y OTRAS PERMUTACIONES DE GEORGES

Mucho antes de convertirse en grandes juristas, filósofos o destacados economistas, los niños —incluidos los que fueron Aristóteles, Platón y Piaget— ya tienen intuiciones sobre la propiedad. De hecho, los chicos expresan los pronombres *mi* y *mío* antes de utilizar *yo* o el nombre propio. Esta progresión del lenguaje refleja un hecho extraordinario: la noción de propiedad precede a la de identidad, no al revés.

En la batalla temprana por la propiedad se ensayan también los principios del derecho. Los niños más pequeños cantan la propiedad de algo sobre el argumento de su propio deseo: "Es mío porque lo quiero".[13] Tiempo después, cerca de la frontera de los dos años, empiezan a argumentar reconociendo el derecho ajeno a reclamar por la misma propiedad. Entender la propiedad ajena es una manera de descubrir que hay otros individuos. Los primeros argumentos que esbozan los chicos suelen ser: "Yo lo tenía primero"; "Me lo dieron a mí". Esta intuición de que el primero que toca algo gana indefinidamente su derecho a uso no desaparece en la adultez. La discusión acalorada por un lugar en un estacionamiento, el uso del asiento del colectivo o la posesión de una isla por el país que primero plantó la

---

[13] Llora un niño de menos de dieciocho meses al que le sacan un juego. Al hacerlo manifiesta el único argumento que sustenta lo que es suyo: el deseo.

bandera son ejemplos privados e institucionales de esta heurística. Quizá por eso no sea sorprendente que los grandes conflictos sociales, como el de Oriente Medio, se perpetúen sobre argumentos muy similares a los que se esgrimen durante una disputa de niños de dos años: "Yo llegué primero"; "Me lo dieron a mí".

LAS TRANSACCIONES EN EL PATIO, O EL ORIGEN DEL COMERCIO Y EL ROBO

En la plaza del barrio, el dueño de la pelota se hace además en cierta medida dueño del juego. Le da privilegios como decidir el armado de los equipos, no ser arquero y declarar cuándo termina el partido. Estas atribuciones también pueden ser carta de negociación. Gustavo Faigenbaum, en su viaje al país de la niñez,[14] investigó durante meses los trueques, regalos y demás transacciones que ocurrían en el patio de una escuela primaria. Estudiando el intercambio de figuritas descubrió que incluso en el mundo supuestamente ingenuo del patio de los niños, la economía se formaliza. Con la edad, los préstamos y las cesiones sobre valores futuros y difusos dan paso a los intercambios exactos, a la noción del dinero, la utilidad y el precio de las cosas.

Como en el mundo de los adultos, no todas las transacciones en el país de los niños son lícitas. Hay robos, estafas y traiciones. La conjetura de Rousseau es que las reglas de la ciudadanía se aprenden en la discordia. Y es en el patio, más inocuo que la vida real, donde se arma un caldo de cultivo para poder jugar el juego de la ley.

---

[14] Dice el economista Paul Webley: "La niñez es otro país y allí las cosas se hacen en forma diferente. Lo que se necesita para interpretar esta cultura son informantes locales. Sin ellos, podremos encontrarnos mirando al patio de juegos desde afuera".

Las observaciones de Wynn y compañía sugieren que los niños muy pequeños ya deberían poder esbozar razonamientos morales. En cambio, el trabajo de Piaget, heredero de la tradición de Rousseau, indica que el razonamiento moral se da solo a partir de los seis o siete años de vida. Gustavo Faigenbaum y yo pensábamos que ambos deberían tener razón. Nuestra gesta era, entonces, unir a distintos próceres de la historia de la psicología. Y, de paso, entender cómo los chicos se convierten en ciudadanos.

El juego que le propusimos a un grupo de chicos de entre cuatro y ocho años empezaba observando un video con tres personajes: uno tenía chocolates, otro se los pedía prestados y el tercero se los robaba. Luego hacíamos una serie de preguntas para medir distintos grados de profundidad de la comprensión moral; si preferían ser amigos del que robó o del que tomó prestado[15] —y por qué—, y qué tenía que hacer el que robó los chocolates para que las cosas volvieran a estar bien con el que fue robado. Así indagábamos sobre la noción de justicia en las transacciones en el patio.

Nuestra hipótesis era que la preferencia por el que toma prestado sobre el que roba, una manifestación implícita de preferencias morales —como en los experimentos de Wynn—, ya debía estar establecida incluso para los chicos más pequeños. En cambio, la justificación de estas opciones y la comprensión de qué hay que hacer para compensar los daños causados —como en los experimentos de Piaget— deberían forjarse durante el desarrollo más avanzado.

---

[15] Por supuesto, no utilizamos esas palabras en el experimento para evitar sugerir preferencias a través del lenguaje. Cada personaje tenía nombre y el género del que tomaba prestado o robaba cambiaba para distintos niños, de modo de asegurarnos de que no hubiera ningún sesgo en la investigación.

Eso es exactamente lo que sucedió. Ya en la sala de cuatro años, los chicos prefieren jugar con el que toma algo prestado que con el que lo roba. Hilando más fino, descubrimos también que prefieren jugar con uno que roba con atenuantes que con uno que lo hace con agravantes.

Pero lo más interesante es lo siguiente. Cuando a un niño de cuatro años le preguntamos por qué elegía al prestamista en lugar del ladrón o al que roba con atenuantes en lugar del que roba con agravantes, dio respuestas del tipo "porque es rubio" o "porque me gustaría que sea mi amigo". Es una suerte de gobierno moral completamente ciego a sus causas y razones. En cambio, los chicos más grandes eligen al "más noble" de los personajes y esgrimen razones morales, protojurídicas, para explicar su elección. ¿Nuestro veredicto en un juicio salomónico que parecía irresoluble entre Wynn y Piaget? Ambos tenían razón.

Pero todo experimento conlleva sus sorpresas en aspectos insospechados de la realidad. Esta no fue la excepción. Gustavo y yo concebimos el experimento para estudiar lo que denominamos *el costo del robo*. Nuestra intuición era que los chicos responderían que el que robó dos chocolates debería devolver los dos tomados más otros tantos que sirvieran como indemnización para reparar el daño. Pero esto no sucedió. La gran mayoría de los chicos consideró que el ladrón tenía que devolver exactamente los dos chocolates que había robado. Es más, cuanto más grandes eran los chicos, la fracción de los que abogaban por una retribución exacta aumentaba. Nuestra hipótesis era errónea. Los chicos son mucho más dignos moralmente que lo que habíamos imaginado. Entienden que el ladrón cometió una infracción, que tiene que repararla devolviendo lo que robó y con un correspondiente pedido de disculpas. Pero el costo moral del robo no se resuelve en la misma moneda de la mercancía robada. En la justicia de los niños no hay fianzas que absuelvan el crimen.

Si pensamos las transacciones infantiles como un modelo de juguete del derecho internacional, este resultado, en retrospectiva, es extraordinario. Una norma implícita y no siempre respetada en los conflictos internacionales es no escalar en las represalias. Y la razón es simple. Si uno roba dos y, como consecuencia, el otro exige cuatro, el crecimiento exponencial de esta suerte de represalias resulta nocivo para todos. Incluso en la guerra hay reglas, y regular la escalada de represalias —que, por supuesto, tiene grandes excepciones en la historia de la humanidad— es un principio que asegura un mínimo de contención de la violencia.

JACQUES,[16] EL INNATISMO, LOS GENES, LA BIOLOGÍA, LA CULTURA Y UNA IMAGEN

A lo largo de este capítulo mezclamos argumentos biológicos, como el desarrollo de la corteza frontal, con argumentos cognitivos, como el desarrollo temprano de las nociones morales. Y en otros ejemplos, como el del bilingüismo o la atención, indagamos cómo se combinan estos argumentos. En la gesta por entender el pensamiento humano, la

---

[16] Jacques Mehler es uno de los tantos argentinos exiliados, políticos e intelectuales. Se formó con Noam Chomsky en el Massachusetts Institute of Technology (MIT) en el epicentro de la revolución cognitiva. De allí se dirigió a Oxford y luego a Francia, donde fue el padre y fundador de la extraordinaria escuela de ciencias cognitivas en París. De la Argentina fue expulsado no solo como persona sino como pensador. Durante muchísimos años, Jacques era recibido con bombos y platillos en todo el mundo con una sola excepción: la Argentina. Acá se lo acusaba de reaccionario por pretender que el pensamiento humano tenía una fundación biológica. Era el tan mentado divorcio entre las ciencias humanas y las exactas, que en la psicología se expresó con particular vigor. Pensar en una instrumentación biológica de la mente era una suerte de asalto a la libertad. Me gusta pensar este libro como una oda y un reconocimiento a la trayectoria de Jacques. Un espacio de libertad ganado por un esfuerzo que él comenzó a contracorriente. Un ejercicio de diálogo.

división entre biología, psicología y neurociencia es una mera declaración de castas. A la naturaleza no le importan las barreras artificiales del conocimiento.

El cerebro actual es prácticamente igual al de sesenta mil años atrás, por lo menos, cuando el hombre moderno migró de África y la cultura era completamente distinta. Esto muestra de forma contundente que el devenir y el potencial de expresión de un individuo se forjan en su nicho social. Uno de los argumentos de este libro es que también es virtualmente imposible entender el comportamiento humano ignorando los rasgos del órgano que lo constituye: el cerebro. La manera en que interactúan y se ponderan el conocimiento social y el biológico depende por supuesto de cada caso y sus circunstancias. Hay algunos casos en que la constitución biológica es decisiva. Otros están determinados fundamentalmente por la cultura y la trama social. No es muy distinto de lo que sucede con el resto del cuerpo. Los fisiólogos y entrenadores saben que la resistencia física tiene un rango de cambio enorme, mientras que la velocidad es en esencia constitutiva.

Pero no se trata solo de repartir pesos y rangos entre lo biológico y lo cultural, sino de entender que están intrínsecamente relacionados. Una primera intuición completamente infundada, por ejemplo, es que la biología precede al comportamiento, que hay un orden lineal, una suerte de predisposición biológica innata que luego sigue distintas trayectorias. No es así; la trama social afecta a la biología misma del cerebro. Esto es claro en un ejemplo dramático en que se observan los cerebros de dos chicos de tres años. Uno crece con afecto y educación normal y el otro, sin contención afectiva, educativa y social. El cerebro de este último no solo es anormalmente pequeño, sino que además sus ventrículos, las cavidades por donde fluye el líquido cefalorraquídeo, tienen un tamaño anormal. Con un poco de atención también pueden verse fracturas a lo largo de la materia gris, que denotan una atrofia cortical.

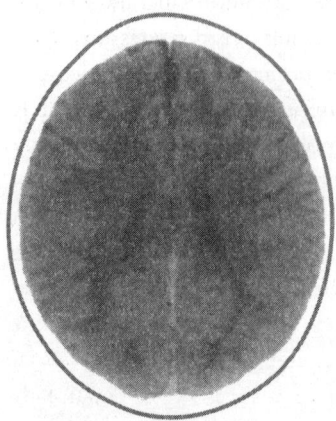
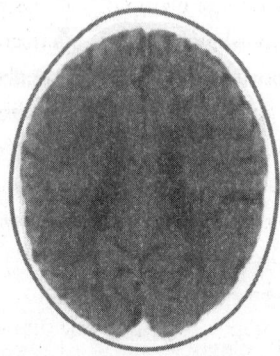

Cerebro de un niño que crece con afecto y educación normal.

Cerebro de un niño que crece sin contención afectiva, educativa ni social.

El cerebro se desarrolla según el contexto

Los cerebros diferentes de dos niños de tres años: uno creció con afecto y educación normal; el otro, sin contención afectiva, educativa ni social.

Entonces, diferentes experiencias sociales resultan en cerebros completamente distintos. Una caricia, una palabra, una imagen, cada experiencia de la vida deja una traza en el cerebro. Esta marca modifica el cerebro y, con ello, la manera de responder a algo, la predisposición a relacionarse con alguien, los anhelos, los deseos, los sueños. Es decir, lo social cambia el cerebro, y esto a su vez define lo que somos como seres sociales.

Una segunda intuición infundada consiste en pensar que por ser biológico es estático. Es la asociación automática entre lo biológico y lo constitutivo. La altura de alguien es *biológica*, y hay poco que se pueda hacer para cambiarlo. El idioma que uno habla es *cultural* y, por lo tanto, completamente libre y flexible. Pero sucede que la altura es un mal ejemplo. Muchas predisposiciones —a la música, por ejemplo— que tienen que ver con una constitución biológica de la corteza auditiva son muy maleables por la experiencia social, que a su vez cambia y modifica el cerebro.

Así, lo social y lo biológico están intrínsecamente relacionados en una red de redes. La ruptura de esta relación no es propia de la naturaleza, sino de nuestra manera obtusa de entenderla.

CAPÍTULO 2

El contorno de la identidad

*¿Cómo elegimos y qué hace que confiemos (o no)
en los demás y en nuestras propias decisiones?*

Somos lo que decidimos. Somos el que elige vivir la vida asumiendo riesgos o de manera conservadora. El que miente cuando cree que es oportuno o el que prioriza la verdad cueste lo que cueste. El que ahorra para un futuro lejano o el que vive el presente. Ese conjunto enorme de acciones define el contorno de nuestra identidad. Como resumió José Saramago en *Todos los nombres*: "En rigor, no tomamos decisiones, las decisiones nos toman a nosotros". O en su versión más contemporánea, en la que Albus Dumbledore alecciona a Harry Potter: "Son nuestra elecciones, Harry, mucho más que nuestras habilidades, las que muestran lo que realmente somos".

Casi todas las decisiones son mundanas porque nuestra vida transcurre, por abrumadora mayoría, en la cotidianidad. Decidir si visitaremos a un amigo a la salida del trabajo; si viajaremos en colectivo o subte; si batata o membrillo. De manera imperceptible, como si cada alternativa decantase naturalmente, comparamos el universo de opciones posibles en una balanza mental, lo ponderamos y finalmente decidimos (membrillo, por supuesto). Sobre esas alternativas ponemos en acción los circuitos cerebrales que conforman la maquinaria de la decisión.

Nuestras decisiones se resuelven casi siempre sobre la base de información incompleta y datos imprecisos. Cuando un padre elige a qué colegio mandará a su hijo, o un ministro de Economía decide cambiar la política tributaria, o un futbolista elige entre patear un tiro libre directo o dar un pase al área, en todas esas ocasiones solo es posible esbozar de manera aproximada las consecuencias futuras de lo que decidimos. La toma de decisiones tiene algo de adivinación, cierta conjetura de un futuro que es necesariamente impreciso. *Eppur si muove.* La máquina funciona. Esto es lo más extraordinario.

CHURCHILL, TURING Y SU LABERINTO

En la vasta historia de las decisiones humanas hay una que funda y resume, al mismo tiempo, el funcionamiento del cerebro al tomar una decisión. El 14 de noviembre de 1940, unos 500 aviones de la Luftwaffe, la fuerza aérea de la Alemania nazi, cruzaron casi sin resistencia hasta el centro de Inglaterra y bombardearon durante siete horas la ciudad industrial de Coventry. Muchos años después de que concluyera la guerra, el capitán Frederick William Winterbotham reveló que Winston Churchill[1] podría haber evitado aquel bombardeo si hubiese decidido usar un arma secreta descubierta antes por el joven matemático británico Alan Turing.

Turing había logrado una proeza científica que le daba a los Aliados una ventaja estratégica capaz de decidir el curso de la Segunda

---

[1] En el libro en el que Churchill cuenta su perspectiva de la Segunda Guerra Mundial —por el que ganó el Premio Nobel de Literatura— no menciona esta historia que hoy es controversial. En realidad, Churchill no habla de ninguna operación de inteligencia, tras reconocer el error que había cometido al develar información en su libro sobre la Primera Guerra, que terminó siendo útil para el Eje en la Segunda Guerra.

Guerra Mundial. Había creado un algoritmo capaz de descifrar a Enigma, el sofisticado sistema mecánico hecho de piezas circulares —como un candado con combinación numérica— que les permitía a los nazis codificar sus mensajes militares y volverlos indescifrables para sus enemigos. Winterbotham explicó que, con Enigma descifrado, los servicios secretos habían obtenido las coordenadas del bombardeo a Coventry con la anticipación suficiente para tomar medidas preventivas. En las horas previas al bombardeo, entonces, Churchill tuvo que decidir entre dos opciones: una emocional e inmediata —evitar el horror de una matanza civil— y otra racional y calculada —sacrificar Coventry, no revelarles a los nazis su hallazgo, y guardar esa carta para usarla en el futuro. Churchill decidió, a un costo de 500 muertes civiles y una ciudad destruida, mantener en secreto esa ventaja estratégica sobre sus enemigos alemanes.

El algoritmo de Turing evaluaba al unísono todas las configuraciones —cada una correspondiente a un posible código— y, de acuerdo con su capacidad de predecir una serie de mensajes esperables, actualizaba la probabilidad de cada una de ellas. Este procedimiento continuaba hasta que la probabilidad asociada a una de las configuraciones alcanzaba un nivel suficientemente alto. El hallazgo, además de precipitar el triunfo aliado, abrió una nueva ventana para la ciencia. Medio siglo después de que terminara la guerra se descubrió que el algoritmo que Turing había concebido para decodificar Enigma era el mismo que el cerebro humano utiliza para tomar decisiones. El gran matemático inglés, que no por casualidad fue uno de los fundadores de la computación y la inteligencia artificial, forjó en la urgencia de la guerra el primer modelo —y el más efectivo hasta el día de hoy— para entender qué sucede en nuestro cerebro cuando tomamos una decisión.

EL CEREBRO DE TURING

Como en el procedimiento esbozado por Turing, el mecanismo cerebral para tomar decisiones se construye sobre un principio extremadamente sencillo: el cerebro elabora un paisaje de opciones y da inicio a una carrera entre ellas que tendrá un único ganador.

Básicamente, el cerebro convierte la información obtenida a través de los sentidos en un conjunto de votos a favor de una u otra opción. Los votos se acumulan hasta alcanzar un umbral en que el cerebro considera que la recolección de evidencia es suficiente para tomar una decisión. Estos circuitos que articulan la toma de decisiones en el cerebro se hicieron tangibles gracias al ingenio de una parva de investigadores, con William Newsome y Michael Shadlen como abanderados. Se trataba de encontrar un diseño experimental lo suficientemente sencillo como para poder desgranar en el tiempo cada elemento de la decisión y, a la vez, lo suficientemente elaborado como para representar decisiones de la vida real.

El experimento funciona así. Una nube de puntos se mueve en una pantalla. Muchos lo hacen de manera caótica y desordenada. El resto lo hace de forma coherente, en una dirección única. El jugador, un adulto, un niño, un mono o, a veces, una computadora, decide hacia dónde cree que se mueve, en promedio, esa nube de puntos. Es la versión electrónica de un navegante levantando el dedo para decidir, en medio de la turbulencia, desde dónde sopla el viento. Como es natural, el juego se vuelve más fácil a medida que más y más puntos se mueven en la misma dirección.

Mientras los monos jugaban miles de veces a este juego, los investigadores registraban la actividad neuronal, formada por corrientes eléctricas que se producen en el cerebro. Muchos años y variantes de este ejercicio decantaron en tres principios del algoritmo de Turing para tomar decisiones:

1) Un conjunto de neuronas de la corteza visual recibe información de los órganos sensoriales. Cada neurona responde más cuando la nube de puntos se mueve en una dirección dada. En cada instante, la corriente de la neurona refleja la cantidad y la dirección de movimiento pero no acumula la historia de estas observaciones.

2) Las neuronas sensoriales se conectan con otras neuronas de la corteza parietal que acumulan esta información en el tiempo. Así los circuitos neuronales de la corteza parietal codifican cómo va cambiando en el tiempo la predisposición a favor de cada acción posible en el espacio de decisiones.

3) A medida que la información a favor de una opción se acumula, el circuito parietal que codifica esta opción aumenta su actividad eléctrica. Cuando la actividad alcanza un umbral determinado, un circuito de neuronas en estructuras profundas del cerebro —conocidas como los ganglios de la base— dispara la acción correspondiente y reinicia el proceso para dar paso a la siguiente decisión.

La mejor manera de convencerse de que el cerebro decide por medio de una carrera en la corteza parietal es mostrando que se puede condicionar la respuesta de un mono al inyectar corriente en las neuronas que codifican la evidencia a favor de una opción. Shalden y Newsome hicieron este experimento. Mientras un mono veía una nube de puntos que se movía completamente al azar, con un electrodo le inyectaron corriente en las neuronas parietales que codifican movimiento hacia la derecha. Y, pese a que los sentidos indicaban un empate de movimiento, el mono siempre respondía que se movían a la derecha. Esto equivale a emular un fraude electoral, inyectando manualmente votos en la urna que representa determinada opción.

Esta serie de experimentos permitió, además, identificar tres rasgos fundamentales del proceso de toma de decisiones. ¿Qué relación tiene la claridad de la evidencia con el tiempo que usamos para tomar una decisión? ¿Cómo se sesgan las opciones por prejuicios o conocimiento previo? ¿Cuándo es realmente suficiente la evidencia a favor de una opción para decidirse?

Las respuestas a estas tres preguntas están entrelazadas. Cuanto más incompleta es la información, la acumulación de evidencia resulta más lenta. Esto se observa directamente en el laboratorio cuando se registra la actividad de las neuronas de la corteza parietal durante una decisión. En el experimento de los puntos en movimiento, cuando casi todos los puntos se mueven al azar, la *rampa* de activación en las neuronas que codifican la evidencia es muy poco empinada. La acumulación resulta lenta porque la evidencia no es clara. Y si el umbral de evidencia necesaria se mantiene, llevará más tiempo cruzarlo; es decir, alcanzar el mismo valor de verosimilitud. La decisión se cocina a fuego lento, pero al final logra alcanzar el mismo punto de cocción.

¿Y cómo se establece el umbral? O, dicho de otra manera, ¿cómo determina el cerebro cuánta evidencia es suficiente? Esto depende de un cálculo que el cerebro hace de manera llamativamente precisa, y que Turing emuló, que pondera el costo de equivocarse y el tiempo disponible para la decisión.

El cerebro determina el umbral de manera de optimizar la ganancia que resulta de una decisión. Para esto combina circuitos neuronales que codifican:

1) El valor de la acción.
2) El costo del tiempo invertido.
3) La calidad de la información sensorial.
4) Una urgencia endógena por responder, algo que reconocemos como la ansiedad o la impaciencia por tomar una decisión.

Si en el juego de la nube de puntos los errores se castigan severamente, los jugadores (niños, adultos o monos) suben el umbral de cantidad de evidencia que necesitan para decidir y tardan más tiempo en responder. Por el contrario, si los errores no cuestan y la mejor estrategia es responder rápido para acumular muchas oportunidades de pago, los jugadores bajan ese umbral. Lo notable, este ajuste adaptativo en la mayoría de los casos no es consciente. El tomador de decisiones sabe mucho más que lo que cree saber. Esto no pasa siempre para las decisiones conscientes. Todos recordamos habernos *dormido* alguna vez ante una decisión urgente o, al revés, habernos apresurado en una que requería paciencia. Pero, en cambio, en muchísimas decisiones inconscientes el cerebro ajusta de forma óptima, y sin que tengamos registro, el umbral de decisión.

TURING EN EL SUPERMERCADO

En el laboratorio investigamos cómo funciona la maquinaria cerebral que nos permite tomar decisiones a diario: el conductor que decide cruzar o no el semáforo en amarillo; el juez que decide condenar o exonerar a un acusado; el elector que vota a un candidato u otro; el consumidor que aprovecha o es víctima de una promoción. La conjetura es que todas estas decisiones, pese a pertenecer a dominios distintos y tener su propia idiosincrasia, son resultado de la misma maquinaria de decisión.

Uno de los aspectos principales de este mecanismo, que está en el corazón del esquema de Turing, consiste en cómo darse cuenta cuándo es el momento de dejar de acumular evidencia. El problema lo refleja la célebre paradoja del filósofo Jean Buridan de la Edad Media: un asno duda indefinidamente entre dos montones idénticos de heno y, como consecuencia de ello, termina muriendo de hambre. La paradoja presenta, de hecho, un problema para el modelo puro de

Turing. Si la cantidad de *votos* en favor de cada alternativa es idéntica, la carrera cerebral resulta en un empate que nunca se resuelve. Para evitarlo, el cerebro procede de la siguiente forma. Cuando considera que pasó suficiente tiempo, se inventa actividad neuronal que distribuye de manera aleatoria entre los circuitos que codifican cada opción. Como esta corriente es aleatoria, una de las opciones termina teniendo más votos a favor y, por lo tanto, gana la carrera. Es como si el cerebro tirase una moneda y usase su propio azar para resolver un empate. Así decide en un tiempo razonable, aunque la evidencia sea magra. Cuánto es razonable demorar una decisión depende de estados internos del cerebro, por ejemplo, si estamos más o menos ansiosos, y de factores externos que afectan el modo en que el cerebro cuenta el tiempo.

Una de las formas en que el cerebro estima el tiempo es simplemente contando pulsos: pasos, latidos del corazón, respiración, vaivenes de un péndulo o *tempo* de la música. Por ejemplo, cuando hacemos ejercicio, estimamos de manera mental un segundo más rápidamente que si estuviésemos en reposo, porque cada latido del corazón —y por ende, cada pulso del reloj interno— es en efecto más rápido. Lo mismo sucede con el *tempo* de la música. El reloj se acelera con el ritmo y, por lo tanto, el tiempo pasa más rápido. ¿Acaso estos cambios del reloj interno hacen que decidamos con rapidez y que bajemos el umbral de decisión?

En efecto, la música tiene consecuencias mucho más directas que lo que reconocemos en nuestras decisiones. Manejamos, compramos y caminamos distinto según la música que escuchamos. A medida que aumenta el *tempo* de la música, baja el umbral de decisión y como consecuencia aumenta el riesgo en casi todas las decisiones. Un conductor cambia con más frecuencia de carril, cruza más semáforos en amarillo, se adelanta más y supera más veces la velocidad permitida a medida que aumenta la velocidad de la música que escucha. El *tempo* de la música también dicta el tiempo que estamos dispuestos a aguantar pacientemente en una sala de espera o la cantidad de productos que nos inclinamos a comprar en un supermercado. Sin necesidad de conocer la fanfarria de la maquinaria de Turing, esto es aprovechado por muchos gerentes de supermercados que saben que el musicalizador es una pieza clave de la dinámica de ventas. Así de predecible es nuestra máquina de toma de decisiones, de cuyos engranajes apenas tenemos registro consciente.

Otro ajuste clave de la máquina de decisiones consiste en determinar en qué lugar empieza la carrera. Cuando una de las alternativas está sesgada, las neuronas que acumulan información a favor de ella arrancan con una carga eléctrica inicial, como el que corre una carrera arrancando con un hándicap de algunos metros de ventaja. En algunos casos, los sesgos pueden tener una influencia fundamental; por ejemplo, en la decisión de donar órganos.

Los estudios demográficos de donación de órganos agrupan a los distintos países en dos clases; algunos en los que casi todos los habitantes aceptan donar órganos, y otros en los que casi nadie lo hace. No hay que ser muy versado en estadística para entender que lo llamativo es la ausencia de medias tintas. La razón resulta extremadamente sencilla, pues lo que determina si una persona elige donar órganos es cómo está escrito el formulario. En los países donde la planilla dice: "Si usted quiere donar órganos, firme aquí", nadie lo hace. En cambio, en países donde la planilla dice: "Si NO quiere donar órganos, firme aquí", casi todo el mundo dona. La explicación de ambos fenómenos viene de un rasgo más o menos universal y que nada tiene que ver con la religión ni la vida y la muerte sino con que nadie completa el formulario.

Cuando nos ofrecen un paisaje de opciones, no todas empiezan a correr desde el mismo punto; las que nos dan por *default* arrancan con ventaja. Si además el problema es de difícil resolución, lo que hace que la evidencia a favor de cualquier opción sea magra, gana el que empieza con aquella ventaja. Este es un ejemplo muy claro de cómo los Estados pueden garantizar la libertad de elección pero, a la vez, sesgar —y en la práctica, dictar— lo que decidimos. Pero esto también revela una característica del ser humano, sea holandés, mexicano, católico, protestante o musulmán, nuestro mecanismo de toma de decisiones sufre un colapso frente a situaciones difíciles. Entonces, aceptamos lo que nos ofrecen por defecto, lo que viene dado.

CORAZONADAS: LA METÁFORA PRECISA

Hasta ahora hablamos de los procesos de toma de decisión como si perteneciesen a una clase común, regidos por los mismos principios y ejecutados en el cerebro por circuitos similares. Sin embargo, todos percibimos que las decisiones que tomamos pertenecen por lo menos a dos formas cualitativamente distintas; unas son racionales y podríamos esgrimir sus argumentos; las otras no. Son las corazonadas, esas decisiones inexplicables que sentimos que nos dicta el cuerpo. Pero ¿son realmente dos maneras distintas de decidir? ¿Nos conviene elegir algo de acuerdo con nuestras intuiciones o deliberar cuidadosa y racionalmente cada decisión?

En general asociamos la racionalidad con la ciencia, mientras que la naturaleza de las emociones parece misteriosa, esotérica y esencialmente inexplicable. Derribemos este mito con un experimento sencillo.

▨ Los neurocientíficos Lionel Naccache y Stanislas Dehaene —mi mentor en París— hicieron un experimento en el que le muestran una carta con un número a una persona tan fugazmente que cree no haber visto nada. A esta presentación, que no alcanza a activar la conciencia, se la llama subliminal. Luego le piden que diga si el número de la carta es mayor o menor que cinco, y sucede algo extraordinario desde la perspectiva del que decide, pues acierta en la mayoría de los casos. El que toma la decisión lo percibe como una corazonada, pero desde el punto de vista del experimentador queda claro que la decisión se indujo de forma inconsciente con un mecanismo muy similar al de las decisiones conscientes.

Es decir, en el cerebro, las corazonadas no son tan diferentes de las decisiones racionales. Pero el ejemplo anterior no captura toda la riqueza de la fisiología de las decisiones inconscientes. De hecho, la etimología inmediata del término *corazonada* —un proceso que se origina en el corazón y no el cerebro— agrega una buena dosis de precisión sobre la génesis.

Para entender esto, basta con morder un lápiz. Probá poner un lápiz entre tus dientes, a lo largo de la boca. Inevitablemente, los labios se arquean remedando una sonrisa. Esto, claro, es un efecto mecánico, no el reflejo de una emoción. Pero no importa, uno igual siente cierto bienestar. El mero gesto de la sonrisa alcanza para eso. En esa situación, una escena de cine nos parecería más entretenida que si sostuviésemos el lápiz con los labios, como sacando trompa, produciendo una mueca mucho más seria. Entonces, la decisión de que algo es divertido o aburrido no se origina solamente en una evaluación del mundo externo, sino en reacciones viscerales que se producen en el mundo interno. Descubrimos que alguien nos gusta, que algo conlleva riesgo o que un gesto nos emociona porque nos late el corazón más rápidamente.

Esto revela un principio importante. El cerebro recibe de los sentidos información emocional —pongamos, por caso, de tristeza o alegría— que luego se expresa en variables corporales. Las emociones tienen asociadas expresiones faciales, aumento de la humedad de la piel, del ritmo cardíaco o de la segregación de adrenalina. Esta es la parte más intuitiva del diálogo. Pero el experimento del lápiz muestra que este diálogo es recíproco, pues el cerebro identifica variables corporales para decidir si siente una emoción. A tal punto es así que la inducción mecánica de una sonrisa hace que nos sintamos mejor o que valoremos algo más positivamente que cuando nuestra cara expresa seriedad.

Que los estados corporales puedan afectar nuestro proceso de decisión es una muestra fisiológica y científica de lo que percibimos como una corazonada. Al tomar una decisión de forma inconsciente, la corteza cerebral evalúa diferentes alternativas y, al hacerlo, estima posibles riesgos y beneficios de cada opción. El resultado de este cómputo se expresa en estados corporales a partir de los cuales el cerebro puede reconocer el riesgo, el peligro o el placer. El cuerpo se convierte en un reflejo del mundo externo.

EL CUERPO EN EL CASINO Y EN EL TABLERO

El experimento clave para demostrar cómo las decisiones se nutren de corazonadas se hizo con dos mazos de cartas.

- Como en tantos juegos de mesa, aquí se mezclan los ingredientes de las decisiones de la vida real: ganancias, pérdidas, incertidumbre y riesgo. El juego es simple pero impredecible. En cada turno, el jugador solo elige de qué mazo tomar una carta. El número de la carta descubierta indica las monedas que se ganan (o se pierden si es negativo). A medida que va descubriendo cartas, la persona tiene que evaluar cuál de los dos mazos es más redituable a lo largo de todo el experimento.

Tal como una persona en el casino, que tiene que elegir entre dos máquinas tragamonedas solo observando durante un tiempo cuántas veces y cuánto paga cada una. Pero, a diferencia del casino, este juego que ideó el neurobiólogo Antonio Damasio no es puro azar; hay un mazo que en promedio paga más que el otro. Si se descubre esta regla, el procedimiento es simple: elegir siempre del mazo que paga más. Hete aquí la martingala infalible.

La dificultad radica en que el jugador tiene que descubrir esta regla ponderando[2] una larga historia de pagos en medio de grandes fluctuaciones. Después de muchísima práctica, casi todos descubren la regla, son capaces de explicarla y, naturalmente, de elegir cartas del mazo correcto. Pero el gran hallazgo sucede mientras se forja el descubrimiento, entre intuiciones y corazonadas. Aun antes de ser capaces de enunciar la regla, los jugadores empiezan a jugar bien y eligen con más frecuencia las cartas del mazo correcto. En esta fase, pese a jugar mucho mejor que si lo hiciesen al azar, los jugadores no pueden explicar por qué optan por el mazo correcto (el que paga más en el largo plazo). A veces ni siquiera saben que eligen más de un mazo que del otro. Pero aparecen en el cuerpo signos inequívocos. En efecto, en esta etapa, cuando el jugador está por elegir del mazo incorrecto, aumenta la conductancia de su piel, indicando un incremento en la transpiración, que a su vez es reflejo de un estado emocional. Es decir, el jugador no puede explicar que uno de los mazos resulta mejor que el otro, pero su cuerpo ya lo sabe.

---

[2] Pensar viene del latín *pensare*, que a su vez deriva de *pendere*, que significa colgar y pesar. Pensar es comparar argumentos en la balanza mental. En la etimología de la palabra, pensar es decidir. Al observar cada uno de los mazos, el jugador está pensando en el sentido más estricto y puro de la palabra.

Con mi colega María Julia Leone, neurocientífica y maestra internacional de ajedrez, llevamos este experimento al tablero, siguiendo la receta *borgeana* del ajedrez como metáfora de la vida. Dos maestros se enfrentan. Tienen treinta minutos para tomar una serie de decisiones que organizan a sus ejércitos. En el tablero, la batalla es a muerte y las emociones afloran. Durante la partida registramos la traza del corazón de los jugadores. El ritmo cardíaco —al igual que el estrés— aumenta con el transcurso de la partida, a medida que apremia el tiempo y se acerca el fin de la batalla. También se dispara el corazón cuando el oponente comete un error que decide el curso de la partida.

Pero lo más trascendente que descubrimos fue lo siguiente: pocos segundos antes de que un jugador cometa un error, su ritmo cardíaco cambia. Es decir, en una situación de opciones incontables, con una complejidad que se asemeja a la de la vida misma, el corazón se alarma mucho antes de tomar una mala decisión. Si el jugador advirtiera esto, si supiera escuchar lo que dice su corazón, podría quizás evitar muchos de los errores que finalmente comete.

Esto es posible porque el cuerpo y el cerebro tienen las claves para la toma de decisiones mucho antes de que estos elementos sean conscientes para nosotros; las emociones expresadas en el cuerpo funcionan como una alarma que nos alerta sobre posibles riesgos y errores. Esto desmorona la idea de que la intuición pertenece al ámbito de la magia o de la adivinación. No hay ningún conflicto entre la ciencia y las corazonadas; por el contrario, las intuiciones funcionan de la mano junto con la razón y la deliberación, en pleno territorio de la ciencia.

¿DECISIONES O CORAZONADAS?

La respuesta es definitiva: depende. El psicólogo social Ap Dijksterhuis encontró, en un experimento que todavía hoy genera controversias, que la complejidad de la decisión es lo que dicta cuándo conviene deliberar y cuándo intuir. Dijksterhuis encontró esta regularidad tanto en decisiones *de juguete*, en el laboratorio, como en decisiones en la vida real.

■ En el laboratorio construyó un juego en el que había que evaluar dos opciones, por ejemplo dos coches, y elegir la que maximizaba alguna función de utilidad. A veces, las dos alternativas diferían solo en una dimensión como el precio. En ese caso, la decisión era sencilla, mejor el más barato. Luego, el problema se volvía progresivamente más complejo, pues los dos coches diferían en consumo, precio, seguridad, confort, riesgo de robo, capacidad, contaminación.

El hallazgo más sorprendente de Dijksterhuis fue descubrir que, cuando hay muchos elementos en juego, la corazonada es más efectiva que la deliberación. Algo parecido a lo que intuyeron Les Luthiers en su célebre parodia "El que piensa, pierde".

El mismo patrón aparece en decisiones en la calle. Para observarlo les preguntaron a personas que salían de comprar pasta de dientes —elección sencilla si la hay— cómo habían tomado esa decisión. Un mes después, el que había pensado más la decisión estaba más satisfecho que el que no la había deliberado. En cambio, observaron el resultado opuesto cuando entrevistaron a personas que salían de comprar muebles (una decisión compleja, con muchas variables como precio, volumen, calidad, belleza). Igual que en el laboratorio, los que menos pensaron eligieron mejor.

Los procedimientos de ambos experimentos son bien distintos, pero la conclusión es la misma. Cuando tomamos una decisión que se resuelve ponderando un pequeño número de elementos, elegimos mejor si nos tomamos tiempo para pensar. En cambio, cuando el problema es complejo, en general decidimos mejor al seguir una corazonada que si meditamos largamente y le damos muchas vueltas —mentales— al asunto.

Algo sabemos de la conciencia, es bastante estrecha y en ella podemos alojar poca información. El inconsciente, en cambio, es mucho más vasto. Esto nos permite entender por qué para tomar decisiones con pocas variables en juego —precio, calidad y tamaño de un producto, por ejemplo— nos conviene pensar bien antes de actuar. Ante este tipo de situaciones en las que podemos evaluar mentalmente todos los elementos al mismo tiempo, la decisión racional es mejor y más efectiva. También entendemos por qué, cuando hay muchas más variables en juego que las que la conciencia puede manipular al unísono, las decisiones inconscientes, rápidas e intuitivas, aun cuando sean solo aproximadas, resultan más efectivas.

OLFATEANDO EL AMOR

Quizá las decisiones más importantes y complejas que tomamos sean las sociales y afectivas. Parecería extraño, casi absurdo, decidir de quién enamorarse de manera deliberada, evaluando de forma aritmética los argumentos a favor y en contra de esa persona que tanto nos gusta. Esto no sucede así. Uno simplemente se enamora por razones que en general desconoce y que solo puede esbozar después de un tiempo.

En las llamadas *fiestas de feromonas*, cada participante olfatea la ropa usada que el resto de los invitados cuelga en un perchero. Solo así, a través del olfato, eligen a quién acercarse. Elegir así parece natural porque asociamos el olfato con la intuición, como cuando decimos "algo me huele mal". Y porque todos reconocemos cuánto evoca el entrañable e indescriptible olor de las sábanas de la persona amada. Pero a la vez es extraño porque, claro, el olfato no es el más preciso de nuestros sentidos. En fin, parece bastante probable que uno pueda llevarse un gran fiasco olfateando a un compañero o compañera de fiesta y que luego deba huir espantado blasfemando contra la insensatez de su nariz.

El biólogo suizo Claus Wedekind hizo de este juego un experimento de magnífica trascendencia. Hizo que unos cuantos varones usaran, sin desodorantes ni perfumes, la misma remera durante unos cuantos días. Luego, una serie de mujeres olía las remeras y decía cuán placentero le resultaba cada olor —también se hizo al revés, por supuesto; ellas transpirando remeras, y ellos eligiendo—. Wedekind no hizo este experimento *a la pesca*, para ver si encontraba algún resultado curioso, sino que partía de una hipótesis que había forjado al observar el comportamiento de roedores y otras especies. Exploraba sobre la premisa de que cuando se refiere a olores, gustos y preferencias inconscientes, nos parecemos mucho a la bestia que todos llevamos dentro.

Cada individuo tiene un repertorio inmune distinto, lo que explica, en parte, por qué frente al mismo virus algunos nos enfermamos y otros no. Podemos pensar cada sistema inmune como un escudo. Si se superponen dos escudos que ocupan la misma porción del espacio, se vuelven redundantes. En cambio, dos que cubren distintas porciones protegen juntos una superficie mayor. La misma idea se traslada —con ciertos bemoles que aquí sorteamos— al repertorio inmune, pues de dos individuos con repertorios inmunes muy distintos resulta una cría con mayor eficiencia inmunitaria.

En los roedores, que se huelen mucho más que nosotros, la preferencia sigue una regla simple regida por este principio: eligen parejas con olores que suelen tener un repertorio inmune distinto. Esta era la base sobre la que Wedekind hizo su experimento. Había medido en cada uno de los participantes el complejo mayor de histocompatibilidad (MHC, por su acrónimo en inglés), una familia de genes implicados en la diferenciación de lo propio y lo ajeno en el sistema inmunitario. Y el resultado extraordinario es que cuando juzgamos por el olfato, lo hacemos de acuerdo con la misma premisa que nuestros primos roedores; a una mujer le resultan, en promedio, más placenteros los olores de hombres que tienen un MHC distinto. Así, las fiestas de feromonas[3] promueven la diversidad. Por lo menos en lo que al repertorio inmune se refiere.

Pero esta regla tiene una excepción notable. La preferencia de olores de una hembra ratón se invierte cuando está embarazada (o cuando no es fértil). Entonces prefiere olores de ratones con MHC similares al suyo. La versión narrativa y simplificada de este resultado es que así como la búsqueda de complementariedad puede ser beneficiosa al aparearse, con la cría ya en el vientre conviene mantenerse cerca del nido conocido, en familia, con los iguales.

¿Acaso sucederá el mismo cambio de preferencia olfativa cuando las que eligen son mujeres? Podemos intuir esto porque, en medio de la revolución hormonal que sucede durante el embarazo, el cambio en la percepción del olor y del gusto es uno de los efectos más distin-

---

[3] Las feromonas son las mediadoras de un sistema de comunicación química —como el olfato— propio de una especie y que afecta funciones automáticas del cerebro. En los roedores, hay un sistema especializado para las feromonas llamado el órgano vomeronasal. En humanos, la funcionalidad de este sistema está discutida y suele referirse a las feromonas como olores inconscientes. Pero esta definición es imprecisa y errónea, pues las mismas moléculas del sistema olfativo en bajas dosis pueden inducir comportamientos sin percepción consciente. Quizá las fiestas de feromonas sean simplemente una fiesta de olores. Pero esto, claro, es menos glamoroso.

tivos. Wedekind estudió cómo cambiaba la preferencia olfativa cuando una mujer tomaba una píldora anticonceptiva basada en esteroides, que estimulan un estado hormonal muy similar al del embarazo. Así descubrió que, al igual que en los roedores, el resultado se invertía, y los olores de remeras transpiradas por hombres con MCH similares eran considerados los más agradables.

Este experimento ilustra un concepto más general. Muchas de las decisiones emocionales y sociales son bastante más estereotipadas que lo que reconocemos. En general, este mecanismo está enmascarado en el misterio del inconsciente y, por eso, no percibimos el proceso de deliberación. Pero ahí está, en el subterráneo de una maquinaria que quizá se forjara mucho antes de que nosotros estuviésemos aquí, dando vueltas, para reflexionar sobre estas cuestiones.

En síntesis, las decisiones que siguen a corazonadas e intuiciones, que por ser inconscientes suelen percibirse como mágicas, espontáneas y sin principios, en realidad están reguladas y son a veces marcadamente estereotipadas. De acuerdo con las virtudes y limitaciones mecánicas de la conciencia, parece sensato delegar las decisiones sencillas en manos del pensamiento racional y dejar las complejas libradas al olfato, el sudor y el corazón.

CREER, SABER, CONFIAR

Al tomar una decisión, además de ejecutar la opción elegida, el cerebro genera una creencia. Es lo que percibimos como confianza o convicción en lo que hacemos. A veces compramos algo en el quiosco con la certeza de que era exactamente lo que queríamos. Otras veces nos vamos esperando que ese chocolate endulce un poco la frustración de no haber sabido elegir bien. El chocolate es el mismo, pero la percepción sobre lo que decidimos, de torpeza y amargura, es muy diferente.

Todos alguna vez confiamos ciegamente en una decisión que tomamos y que luego resultó equivocada. O al revés, en cuántas situaciones obramos sin convicción cuando en realidad teníamos todos los argumentos para estar insuflados de confianza. ¿Cómo se construye la confianza? ¿Por qué algunas personas sienten un exceso de confianza permanente, hagan lo que hagan, y otras, en cambio, viven en la duda?

El estudio científico de la confianza —o de la duda— resulta particularmente seductor porque abre una ventana a la subjetividad; ya no es el estudio de nuestros actos observables sino de nuestras creencias privadas. Desde una perspectiva meramente pragmática tampoco es un asunto menor, pues estar seguros o no de nuestras acciones define nuestro modo de ser.

■ La manera más sencilla de estudiar la confianza es pedirle a alguien que dibuje un punto en una línea, en la que un extremo representa la convicción absoluta y el otro, la duda respecto de la decisión tomada. Otra forma de detectar la confianza es echando mano del lucro, pidiendo que elija si quiere cobrar un monto fijo por la decisión tomada o si prefiere apostar por ella. Si tiene mucha confianza en la decisión que acaba de tomar, estará inclinado a apostar (*cien volando*). Si, en cambio, descree de su elección, preferirá el monto fijo (*pájaro en mano*). Los dos artilugios para medir la confianza son muy consistentes; los que manifiestan una firme convicción en el extremo de la línea, también apuestan fuerte. Y, al revés, aquellos que tienden a expresar una confianza baja en sus decisiones son poco proclives a apostar por ellas.

Este paralelismo entre confianza y apuestas tiene relevancias obvias en la vida cotidiana. Apostar o invertir mal en cuestiones monetarias, emocionales, profesionales, políticas o familiares supone un gran costo. Y esto proviene, naturalmente, de un sistema distorsionado de confianza. Pero este paralelismo también tiene consecuencias científicas. Este tipo de experimentos nos permiten preguntarnos sobre la subjetividad en áreas que antes parecían inabordables. Al medir la predisposición a apostar estamos descubriendo algo acerca de la confianza percibida por quienes no pueden expresar sus creencias. Así, con estos experimentos, hoy sabemos que ratones, delfines, monos y bebés de menos de seis meses de vida ya toman decisiones que vienen acompañadas de una creencia en la elección que acaban de tomar.

Vicios y huellas de la confianza

La forma en que cada persona construye la confianza es casi como una huella digital. Algunos distribuyen la confianza con matices intermedios, y otros, en cambio, tienden a expresarla en estados extremos de duda o convicción. Son también rasgos culturales, y la manera de representar la certeza en algunos países asiáticos es distinta de la de Occidente.

Casi todos atestiguamos un ejemplo escolar en el que asignamos la confianza de manera bastante imprecisa, como el que cree que le fue bien en un examen y luego resulta que se saca un cero. O, al revés, el que cree que le fue pésimo y luego saca una nota muy buena. En cambio, alguien con un sistema preciso de confianza juzga bien su propio conocimiento y sabe cuándo apostar y cuándo no hacerlo. La confianza es, entonces, una ventana al propio conocimiento.

La precisión del sistema de confianza es un rasgo personal, casi como la altura o el color de los ojos. Pero a diferencia de estos rasgos físicos, hay cierto espacio para cambiar y modificar esta huella del pensamiento. Y como es previsible para un rasgo característico de la identidad —y que en cierta manera la define—, tiene una signatura en la estructura anatómica del cerebro. Quienes poseen sistemas de confianza más precisos tienen una mayor cantidad de conexiones —medidas en densidad de axones— en una región de la corteza frontal lateral llamada área de Brodmann 10 o BA10. Además, quienes tienen un sistema de confianza más preciso también organizan la actividad cerebral de manera que esta región BA10 se conecte más eficientemente con otras estructuras corticales del cerebro, como el giro angular y la corteza frontal lateral.

Esta diferencia en la actividad cerebral, entre quienes tienen un sistema preciso de confianza y quienes no, se observa solo cuando una persona lleva la atención hacia su mundo interno —por ejemplo, concentrándose en la respiración— y no cuando la atención está focalizada en el mundo externo. Esto establece un puente entre dos variables que en principio apenas estaban relacionadas: la calidad de la confianza y el conocimiento de nuestro propio cuerpo. Ambas coinciden en dirigir la mirada al mundo interior. Y así sugiere que una manera natural de mejorar el sistema de confianza es aprender a observar y focalizarnos en nuestro propio cuerpo.

En efecto, para la construcción de la confianza, el cerebro utiliza variables endógenas como la transpiración, el tartamudeo, bajar la mirada y otros gestos de vacilación. Estas señales son pertinentes no solo para que los otros puedan identificar si somos confiables sino para que también lo sepamos nosotros mismos. Es decir, solemos construir la confianza no tanto en los hechos del mundo externo sino en los temblores de nuestro propio cuerpo.

La naturaleza del optimista

La confianza no es una condición exclusiva de las decisiones propias. El equilibrio entre la duda y la certeza también se aplica al resultado de un partido de fútbol o a la evolución de las condiciones climáticas, y en general a todo lo que sucederá en futuros inciertos. Esto nos define como optimistas o pesimistas. Vasos medio vacíos o medio llenos.

El optimista encestará cada vez que tire la pelota al cesto, ganará cuanta final juegue, no perderá nunca su trabajo y podrá tener sexo sin protección o manejar de manera imprudente porque, a fin de cuentas, los riesgos no le competen. Lo extraño es que el optimismo sobreviva a pesar de la evidencia en contra que recibimos a diario. El optimismo es nada más y nada menos que esa obstinación.

Parte de esto es obra del olvido selectivo que todos experimentamos. Cada lunes, cada cumpleaños, cada primero de enero se llenan de promesas repetidas; cada amor es el amor de nuestras vidas, y este año sí ganamos el campeonato. Cada una de estas afirmaciones ignora completamente que ya hubo otros tantos lunes y otros tantos desengaños. ¿Somos de verdad tan ciegos a la evidencia? ¿Qué mecanismos del cerebro encarnan este optimismo fundamentalista? ¿Y qué hacemos con el optimismo persistente si entendemos que se cimenta en una ilusión?

Uno de los modelos más comunes de aprendizaje humano —trasladado masivamente a la robótica y la inteligencia artificial— es el error de predicción. Es simple e intuitivo. La primera premisa, por cada acción que realizamos, desde la más mundana a la más compleja, construimos un modelo interno, una suerte de preludio simulado de lo que va a suceder. Por ejemplo, cuando saludamos a alguien en un ascensor presumimos que habrá una respuesta positiva de esa persona. Si la respuesta es diferente de lo que esperábamos —por exageradamente calurosa o fríamente remisa—, experimentamos una sorpresa.

Ese error de predicción expresa la diferencia entre lo que esperamos y lo que observamos en la realidad, y eso se codifica en un circuito neuronal en los ganglios de la base que genera dopamina. La dopamina es un neurotransmisor que funciona, entre otras cosas, como mensajero de la sorpresa al irrigarse hacia distintas estructuras cerebrales. La señal dopaminérgica reconoce la disonancia entre lo previsto y lo encontrado, y es el combustible vital para el aprendizaje, pues los circuitos irrigados por dopamina se vuelven maleables y predispuestos al cambio. En ausencia de dopamina, en cambio, los circuitos neuronales son en su mayoría rígidos y poco maleables.

La renovación cíclica de nuestras esperanzas, cada lunes y cada año nuevo, nos exige *hackear* este sistema de aprendizaje. Si el cerebro no generase una señal de disonancia cuando la realidad es peor que lo que esperamos, renovaríamos nuestras esperanzas indefinidamente. ¿Acaso sucede esto? Y si es así, ¿cómo? ¿Será este el *don* de los optimistas?

Todas estas preguntas se responden al unísono en un experimento relativamente sencillo conducido por la neurocientífica inglesa Tali Sharot. En este experimento le pide a la gente que estime la probabilidad de que le ocurran distintos eventos desafortunados. ¿Cuál es la probabilidad de morir antes de los sesenta años? ¿Cuál la de desarrollar una enfermedad degenerativa? ¿Cuál la de tener un accidente automovilístico?

La gran mayoría de las personas presupone que las chances de que le suceda algo malo son mucho menores que lo que recogen las estadísticas. Es decir, cuando se trata de evaluar riesgos que nos incumben —los viajes en avión y la violencia urbana son netas excepciones—, casi todos somos marcadamente optimistas.

Pero lo más interesante es lo que sucede cuando las creencias chocan contra la realidad. Según el modelo de error de predicción, deberíamos modificar nuestras creencias de acuerdo con la diferencia entre lo que esperamos y lo que observamos. Y esto es exactamente lo que sucede cuando descubrimos que las cosas son mejores que lo que suponíamos. Por ejemplo, si alguien cree que la probabilidad de tener un cáncer antes de los sesenta años es del quince por ciento y le dicen que la probabilidad real es mucho menor, esa persona va a ajustar sus futuros estimativos hacia valores más reales. Pero —aquí está la clave— el ajuste es mucho menor, casi nulo, cuando descubrimos que los hechos son peores que lo que pensamos.

¿Qué sucede en el cerebro? Cada vez que descubrimos un conocimiento deseable o beneficioso se activa un grupo de neuronas en una pequeña región de la corteza prefrontal izquierda llamada giro frontal inferior. En cambio, cuando recibimos evidencia no deseable, se activa otro grupo de neuronas en la región homóloga del hemisferio derecho. Entre estas regiones cerebrales se establece una suerte de balanza entre las buenas y las malas noticias. Pero esta balanza tiene dos trampas; la primera, pondera mucho más las buenas noticias que las malas, lo cual, en promedio, crea una tendencia hacia el optimismo, y la segunda —la más interesante—, el sesgo de la balanza cambia en cada individuo y revela la maquinaria del optimismo.

La activación de las neuronas del giro frontal del hemisferio izquierdo es similar en todas las personas cuando descubrimos que el mundo es mejor de lo que pensábamos. En cambio, la activación del giro frontal del hemisferio derecho varía en un rango amplio de individuo a individuo en los casos en que nos enteramos de que el mundo es peor de lo que creíamos. En las personas más optimistas, esta activación es atenuada, como si literalmente hicieran oídos sordos a las malas noticias. En los más pesimistas sucede lo opuesto; la activación está amplificada, acentúa y multiplica el impacto de esa información negativa. Aquí está la receta biológica que separa a los optimistas de los pesimistas: no es su capacidad de valorar lo bueno sino sus posibilidades de ignorar y olvidar lo malo.

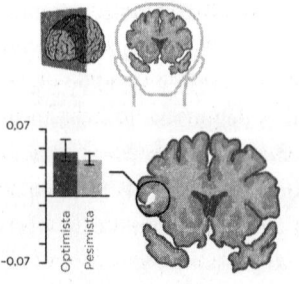

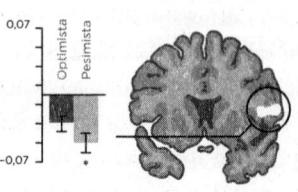

Buenas noticias
"La probabilidad de que te salga el trabajo es más ALTA que lo que pensabas."

Malas noticias
"La probabilidad de que te salga el trabajo es más BAJA que lo que pensabas."

La naturaleza del optimista: ignorar las malas noticias

¿Qué sucede cuando descubrimos que el futuro promete ser mejor o peor que lo que pensábamos? El cerebro responde a una buena noticia activando la región del giro frontal inferior izquierdo (resaltada en el círculo del panel de la izquierda): las barras muestran cuánto se activa e indican que esta activación es parecida en los optimistas (barras oscuras) y los pesimistas (barras claras). En cambio, cuando recibimos una mala noticia se desactiva una región del giro frontal inferior derecho. Pero como se ve en las barras, esta desactivación es mayor para los pesimistas. Es decir, el cerebro del optimista ignora en cierta medida las noticias que le indican que el futuro es peor de lo que pensaba.

Muchas madres, por ejemplo, tienen un recuerdo vago e impreciso del dolor que sintieron durante el parto. Este olvido elocuente ilustra el mecanismo del optimismo. Si el dolor tuviese mucha más constancia en la memoria, quizás habría más hijos únicos. Entre los recién casados sucede algo similar, pues ninguno cree que va a divorciarse. Sin embargo, entre un 30 y 50 por ciento lo hará, según estadísticas que varían según el tiempo y el lugar. Claro que el momento de jurarse amor eterno ——lo que sea que se entienda por amor y por eternidad— no es el más apropiado para hacer reflexiones estadísticas sobre las relaciones humanas.

Los costos y beneficios del exceso y el defecto de optimismo son bastante tangibles. Hay razones intuitivas para alentar un optimismo cándido, pues resulta un motor para la acción, la aventura y la innovación. Sin optimismo no habríamos ido a la luna, o no habríamos vuelto de ella, y también está asociado de manera bastante genérica con una mejor salud y una vida más satisfactoria. Podríamos pensar entonces que el optimismo es una suerte de pequeña locura que nos impulsa a hacer cosas que de otro modo no haríamos. Su cara opuesta, el pesimismo, es el preludio de la inacción y, en su versión crónica, de la depresión.

Pero también hay buenas razones para templar el exceso de optimismo cuando promueve decisiones riesgosas e innecesarias. Las estadísticas se acumulan, contundentes, y asocian el riesgo de accidentes con la ebriedad, el uso de celulares y la falta de uso del cinturón de seguridad. El optimista conoce estos riesgos pero actúa como si no le afectasen. Se siente exceptuado de la estadística y esto, claro, es falso; si todos somos la excepción, la regla deja de existir. Este optimismo expandido —que no suele reconocerse como tal— puede devenir en consecuencias fatales pero también evitables.

ULISES Y EL CONSORCIO QUE NOS CONSTITUYE

El exceso de optimismo también se expresa con vividez en un dominio mucho menos solemne, el despertar. El preludio del sueño suele estar poblado de promesas vespertinas: tenemos la intención de despertarnos al día siguiente mucho más temprano que lo habitual, por ejemplo, para hacer ejercicio. Esa intención se construye sobre un deseo genuino y sobre una expectativa que tiene un valor para nosotros, como estar saludables y en forma. Pero, salvo para las alondras, el panorama es muy distinto a la mañana siguiente. Ese *yo* que la noche anterior tomó en frío la decisión de levantarse temprano se desvanece al día siguiente. A las siete de la mañana somos otro *yo* dominado por el cansancio, el sueño y el placer estrictamente hedónico de seguir durmiendo.

El contorno de la identidad es borroso. O, más bien, cada uno de nosotros es un consorcio de identidades que se expresan de distintas formas en diferentes circunstancias, a veces contradictorias. En este caso, la disociación entre agentes constitutivos tiene dos proyecciones claras: una intrépida y hedónica, que ignora los riesgos y las consecuencias futuras (la optimista), y otra que los pondera (la pesimista). Esta dinámica se exacerba especialmente en dos situaciones de distinta naturaleza, en ciertas patologías psiquiátricas y neurológicas y en la adolescencia.

La predisposición a ignorar el riesgo crece con la activación del *nucleus accumbens* en el sistema límbico, que se corresponde con la percepción de placer hedónico. De hecho, en un experimento que dejó atónitos a varios de sus colegas del Massachusetts Institute of Technology (MIT), Dan Ariely registró esto de manera cuantitativa y detallada en una dimensión precisa del placer: la excitación sexual. Encontró que a medida que una persona se excita, aumenta su predisposición a hacer cosas que consideraría aberrantes o inaceptables con la mente fría. Entre ellas, por supuesto, tomar riesgos como tener relaciones sexuales con desconocidos y sin protección.

En la adolescencia, en pleno exceso de optimismo, se da una exposición franca a situaciones de riesgo. Esto sucede porque el desarrollo del cerebro, como el del cuerpo, no es homogéneo. Algunas estructuras cerebrales se desarrollan a gran velocidad y consolidan su proceso de maduración en los primeros años de vida, mientras que otras todavía son inmaduras cuando entramos en la adolescencia. Una de las ideas más arraigadas en la neurociencia es que la adolescencia implica un momento de particular riesgo por la inmadurez de la corteza prefrontal, una estructura que evalúa consecuencias futuras y coordina e inhibe impulsos. Sin embargo, el desarrollo tardío de la estructura de control en la corteza frontal no puede explicar *per se* el pico de predisposición al riesgo que se registra durante la adolescencia. De hecho, los niños, con una corteza prefrontal aun más inmadura, se exponen menos. Lo característico de la adolescencia es la simultaneidad de esa inmadurez de desarrollo de la corteza —y por ende, de la capacidad de inhibir o controlar ciertos impulsos— con un desarrollo consolidado del *nucleus accumbens*.

La torpeza cándida de la adolescencia, en un cuerpo que creció más que su capacidad para controlarse, refleja de alguna manera la estructura cerebral de los adolescentes. Comprender esta regla constitutiva y la originalidad y la particularidad de ese momento de la vida puede ayudarnos a empatizar y, por lo tanto, a hacer más efectivo el diálogo con los adolescentes.

Entender esto también es pertinente para tomar decisiones públicas. Por ejemplo, en muchos países se debate si los adolescentes deben votar. Pero esos debates requieren la conjunción de distintos saberes, entre los cuales debe hallarse una visión informada sobre el desarrollo del razonamiento y el proceso de toma de decisiones durante la adolescencia.

Los trabajos de Valerie Reyna y Frank Farley sobre riesgo y racionalidad en la toma de decisiones de los adolescentes demuestran que, aun cuando no tengan un buen control de sus impulsos, en términos de pensamiento racional los adolescentes son intelectualmente indistinguibles de los adultos. Es decir, son capaces de tomar decisiones informadas sobre su futuro pese a que les cuesta gobernar, más que a un adulto, los impulsos en estados de alta carga emocional.

Pero, por supuesto, no hace falta tanta biología para descubrir que alternamos entre razones e impulsos y que nuestra bestia impulsiva aparece en el calor de la escena más allá de la adolescencia. Esto queda expresado en el mito de Ulises y las sirenas, donde también aparece la que quizá sea la solución más efectiva para lidiar con este consorcio que nos constituye. Al emprender su viaje de regreso a Ítaca, Ulises les pide a sus marineros que lo aten al mástil del barco para no dejarse llevar por la tentación del canto de las sirenas. Ulises sabe que la tentación será irresistible.[4] Entonces, hace un pacto atándose a ese *yo* que tiene el privilegio de decidir desde la racionalidad y fuera del calor de la acción.

Las analogías con nuestra vida diaria son necesariamente menos decorosas, o quizá sea que nuestras sirenas perdieron color. Hoy muchos reconocen en los teléfonos celulares aquel canto que resulta virtualmente imposible de ignorar. Tal es así que, a sabiendas del riesgo neto de responder un mensaje mientras manejamos, lo hacemos aunque su contenido sea completamente irrelevante. Cambiar la tentación de usar el celular mientras manejamos parece difícil. En cambio, dejarlo en un lugar inaccesible —por ejemplo, en el baúl— es un mástil al que, como Ulises, podemos atarnos con anticipación.

Vicios del sistema de confianza

Nuestro cerebro desarrolla mecanismos para ignorar —literalmente— ciertos aspectos negativos en la balanza del futuro. Y esta receta para fabricar optimistas es solo una de las tantas maneras con las que el cerebro produce una confianza desmesurada. Estudiando decisiones humanas en problemas sociales y económicos de la vida cotidiana, el psicólogo y Premio Nobel de Economía Daniel Khaneman desgranó dos vicios arquetípicos del sistema de confianza.

El primero es que tendemos a confirmar aquello que ya creemos. Es decir, somos genéricamente tozudos y obstinados. Una vez que creemos algo, buscamos alimentar el prejuicio con evidencia que lo reafirme.

---

[4] "Lo resisto todo, salvo las tentaciones", cumplía en decir Oscar Wilde.

Uno de los ejemplos más célebres de este principio lo descubrió el gran psicólogo Edward Thorndike al pedirle a un grupo de jefes militares que opinara acerca de distintos soldados. Las opiniones versaban sobre distintas facultades que incluían rasgos físicos, de liderazgo, inteligencia y personalidad. Thorndike demostró que la valoración de una persona mezcla aptitudes que *a priori* no tienen ninguna relación entre sí. De este modo, los generales pensaban que los soldados fuertes eran inteligentes y buenos líderes.[5] Estas relaciones no eran genuinas sino que reflejaban los sesgos en la construcción de opiniones. Es decir que, cuando valoramos un aspecto de la persona, lo hacemos influidos por la percepción de sus otros rasgos. A esto se lo llama *efecto halo*.

Este vicio del mecanismo de decisión no solo es pertinente para la vida diaria sino también en la educación, la política y la justicia. Nadie es inmune al efecto halo. Por ejemplo, ante un conjunto idéntico de condiciones, los jueces son más indulgentes con las personas más atractivas. Es el efecto halo y sus deformaciones en todo su esplendor; si es bello, es bueno. El mismo efecto pesa, por supuesto, sobre el *libre y certero* mecanismo de las elecciones democráticas. Alexander Todorov mostró que una breve mirada a la cara de dos candidatos permite predecir el triunfador con una notable precisión cercana al setenta por ciento, incluso sin tener datos acerca de la historia de los candidatos, de lo que habían hecho o pensaban, de sus plataformas electorales y sus promesas. Es decir, un noruego podría acertar con bastante precisión el resultado de las elecciones municipales de Asunción del Paraguay con solo observar las caras de los candidatos.

El sesgo confirmatorio —como principio genérico del que se deriva el efecto halo— recorta la realidad para observar solo aquello que es coherente con lo que ya creíamos de antemano. "Si tiene cara de competente será un buen senador." Esta inferencia, por la

---

[5] Así pensaban los generales, y nosotros en general.

que se ignoran hechos pertinentes para la valoración y se resuelve sobre una primera impresión, resulta mucho más frecuente que lo que suponemos y admitimos en el devenir diario de nuestras decisiones y creencias.

Además del sesgo confirmatorio, un segundo principio que infla la confianza es la capacidad de ignorar completamente la varianza de los datos. Pensá en el siguiente problema; una bolsa tiene 10.000 pelotas; tomás la primera y es roja; tomás la segunda y también es roja. Tomás la tercera y la cuarta, y también son rojas. ¿Qué color tendrá la quinta? Roja, claro. La confianza de la conclusión excede holgadamente la estadística.[6] Falta escrutar todavía 9.996 pelotas.

Postular una regla a partir de pocos casos es a la vez la virtud y el estigma del pensamiento humano. Es virtud porque nos permite identificar reglas y regularidades con eximia facilidad. Pero es estigma porque nos impulsa hacia conclusiones definitivas al observar apenas una pequeñísima porción de la realidad. Khaneman planteó el siguiente experimento mental. Una encuesta sobre 200 personas indica que un 60 por ciento votaría por el candidato Pepe. Muy poco tiempo después de conocer esa encuesta, lo único que recordamos es que un 60 por ciento votaría por el candidato Pepe. El efecto es tan fuerte que al leer esto muchos creerán que escribí dos veces lo mismo. La diferencia es el tamaño de la muestra. En la primera frase, el caso era explícito, la opinión de solo 200 personas. En la segunda frase, esta información se esfumó. Este es el segundo filtro que distorsiona la confianza. De hecho, en términos formales, una encuesta que manifestara que sobre 30 millones de personas un 50,03 por ciento votaría por Pepe sería mucho más decisiva, pero en nuestro sistema de creencias nos olvidamos de sopesar si el dato

---

[6] Woody Allen dice que "la confianza es lo que uno tiene antes de entender un problema". En cierta medida, la confianza es ignorancia.

proviene de una muestra masiva o si simplemente son tres pelotas en un saco de 10.000.[7]

En resumen, el efecto confirmatorio y la ceguera a la varianza son dos mecanismos ubicuos que nos permiten opinar basándonos solo en una pequeña porción del mundo coherente e ignorando todo un mar de ruido. La consecuencia directa de este mecanismo es la inflación de la confianza.

¿Estos vicios del sistema de confianza son propios de las decisiones sociales complejas o, por el contrario, se expresan lo largo y ancho del espectro de toma de decisiones? Con Ariel Zylberberg y Pablo Barttfeld nos lanzamos a resolver este misterio. Para eso estudiamos decisiones extremadamente sencillas, por ejemplo cuál es el más brillante entre dos puntos de luz. Encontramos que los principios que inflan la confianza en las decisiones sociales, como el efecto confirmatorio o ignorar la varianza, son rasgos que persisten incluso en las decisiones más elementales.

Esto indica que generar creencias que van más allá de lo que señalan los datos es un rasgo común de nuestro cerebro. Y se confirma con una serie de estudios que registran la actividad neuronal en distintos lugares de la corteza cerebral. Consistentemente se observa que nuestro cerebro —y el de muchas otras especies— está mezclando todo el tiempo la información sensorial del mundo externo con hipótesis y conjeturas propias. Incluso la visión, la función del cerebro que uno imagina más anclada a la realidad, está repleta de ilusiones. La visión no funciona de manera pasiva como una cámara que retrata la realidad sino más bien como un órgano que la interpreta y que construye imágenes nítidas a partir de información limitada e imprecisa. Aun en la primera estación de procesamiento de la cor-

[7] Muchas veces, en el preludio de una elección, los encuestadores también olvidan esta regla tan elemental de la estadística y sacan conclusiones firmes sobre una cantidad llamativamente pequeña de datos.

teza visual, las neuronas responden de acuerdo con una conjunción entre la información que reciben de la retina y la de otras regiones del cerebro —que codifican la memoria, el lenguaje, el sonido— que establecen hipótesis y conjeturas sobre lo que se está viendo.

La percepción tiene siempre algo de imaginación. Se parece más a pintar que a fotografiar. Y, de acuerdo con el efecto confirmatorio, creemos ciegamente en la realidad que construimos. Así lo testifican, mejor que ningún otro ejemplo, las ilusiones visuales, que son percibidas con infinita confianza, como si no hubiese duda de que estamos retratando fielmente la realidad.

LA MIRADA DE LOS OTROS

En la vida cotidiana y en el derecho formal juzgamos las acciones ajenas no tanto por sus consecuencias como por los condicionantes y las motivaciones. Aunque la consecuencia sea la misma, es moralmente muy distinto lesionar a un rival en el campo de juego por una acción involuntaria y desafortunada que por un acto premeditado. Por lo tanto, para poder decidir si otra persona obró bien o mal, no basta con observar sus acciones. Hay que ponerse en su lugar y ver la trama desde la perspectiva del otro. Es decir, hay que ejercitar lo que se conoce como *teoría de la mente*.

Consideremos dos situaciones ficticias. Pedro toma un pote de azúcar y sirve una cucharada en el té de un amigo. Antes, alguien había cambiado el azúcar por un veneno del mismo color y la misma consistencia. Pedro, por supuesto, no lo sabía. El amigo toma el té y muere. Las consecuencias de la acción de Pedro son trágicas. Pero, ¿está mal lo que hizo? ¿Es culpable? Casi todos pensaríamos que no. Para esto nos colocamos en su perspectiva, reconocemos lo que conoce y desconoce, vemos que no tuvo ninguna intención de herir, ni siquiera cometió una forma de negligencia. Pedro es un buen tipo.

Mismo frasco, mismo lugar. El que toma el frasco es Carlos y reemplaza el azúcar por veneno porque quiere matar a su amigo. Sirve el veneno en el té pero este no hace ningún efecto,[8] y el amigo se va vivito y coleando. En este caso, las consecuencias de la acción de Carlos son inocuas. Sin embargo, casi todos creemos que Carlos obró mal, que su acción es condenable. Carlos es un mal tipo.

La teoría de la mente es resultado de la articulación de una compleja red cerebral, con un nodo de particular importancia en la juntura temporoparietal derecha (un nombre con pocas sutilezas, se encuentra en el hemisferio derecho, justo entre la corteza temporal y la parietal). Pero la localización en sí es lo menos interesante. No importa tanto la geografía cerebral sino el hecho de que la localización de una función en el cerebro puede ser una ventana para observar las relaciones causales de este mecanismo.[9]

Si silenciaran temporariamente nuestra juntura temporoparietal derecha, ya no consideraríamos las intenciones de Pedro y de Carlos para juzgar sus acciones. Si no funcionara apropiadamente esta región cerebral, consideraríamos que Pedro obró mal (porque mató al amigo) y que Carlos obró bien (porque su amigo está en perfecto estado de salud). No nos importaría que Pedro ignorase lo que contenía el frasco y que Carlos solo hubiera fallado en la implementación de un plan macabro. Estas consideraciones requieren de una función precisa, la teoría de la mente, y sin ella perdemos la capacidad mental de separar las consecuencias de una acción de su entramado de intenciones, conocimientos y motivaciones.

---

[8] ¿Estaba vencido? En *Relatos salvajes*, Damián Szifron reflexiona sobre la acumulación de males preguntándose si un veneno vencido es más o menos venenoso.

[9] Por ejemplo, por medio de unas bobinas que generan campos magnéticos se puede silenciar o estimular una región de la corteza cerebral en un momento preciso del tiempo. De esta forma, por dar un caso, al estimular el área de Broca, que coordina la articulación del lenguaje, se puede inducir una verborragia incontenible.

Este ejemplo es una prueba de concepto que va más allá de la teoría de la mente, la moral y el juicio. Indica que nuestra maquinaria de toma de decisiones está compuesta por un conjunto de piezas que establecen funciones particulares. Y cuando el sostén biológico de estas funciones se desarma, nuestra manera de creer, opinar y juzgar cambia radicalmente.

LA BATALLA QUE NOS CONSTITUYE

Los dilemas morales sirven como exageraciones para reflexionar en carne propia sobre cómo cimentamos la moral. El más famoso de ellos, "El tranvía de San Francisco", dice así:

▨ Estás en un tranvía que avanza sin freno por una vía donde hay cinco personas. Conocés cada uno de sus recovecos y sabés fehacientemente que no hay manera de detenerlo y que va a atropellar a las cinco personas. Hay una única alternativa. Podés girar el volante y tomar otra vía donde hay una única persona que morirá.

¿Girarías el volante? En Brasil, Tailandia, Noruega, Canadá o la Argentina, grandes y chicos, progresistas y reaccionarios, casi todos eligen girarlo. Se trata de un cálculo razonable y utilitario. La cuenta parece simple: ¿cinco muertos o uno? Sin embargo, hay una minoría que consistentemente elige no girar el volante.

El dilema consiste en hacer algo que provocará la muerte de una persona o no hacer nada para evitar que mueran las otras cinco. Algunos podrían razonar que el destino ya había marcado un rumbo y que uno no es nadie para jugar el juego de Dios y decidir quién muere y quién no, ni siquiera con la matemática a favor. Es una política de no intervención en la que no tenemos derecho a obrar e intervenir para que muera una persona que andaba tranquila por una vía donde no sucedía nada. Todos juzgamos de manera distinta la responsabilidad por la acción o la inacción. Es una intuición moral universal que se expresa en casi todos los sistemas de derecho.

Ahora, otra versión del dilema:

▪ Estás en un puente desde donde ves un tranvía que avanza sin freno por una vía donde hay cinco personas. Conocés cada uno de sus recovecos y sabés fehacientemente que no hay manera de detenerlo y que va a atropellar a las cinco personas. Hay una única alternativa. En el puente hay una persona muy voluminosa. Está sentada contra la baranda contemplando la escena. Sabés con toda certeza que si lo empujás va a morir pero también va a hacer que el tranvía descarrile y se salven las cinco personas.

¿Lo empujarías? En este caso, casi todo el mundo elige no hacerlo. Y la diferencia se percibe de manera clara y visceral, como si fuese el cuerpo el que habla y decide. Uno no tiene derecho a empujar a alguien deliberadamente para salvar a otra persona de la muerte. De hecho, nuestro sistema penal y social —el formal y la condena de nuestros pares— no consideraría igual uno y otro caso. Pero abstraigámonos de este factor. Imaginemos también que estamos solos, que el único juicio posible es el de nuestra propia conciencia. ¿Quién empuja a la persona desde el puente y quién gira el volante? Los resultados son conclusivos y universales; aun en plena soledad, sin miradas externas, casi todos giraríamos el volante y casi nadie empujaría al grandote.

En algún sentido, ambos dilemas son equivalentes. La reflexión no es fácil porque requiere ir contra las intuiciones del cuerpo. Pero desde un punto de vista puramente utilitario, desde las motivaciones y consecuencias de nuestros actos, los dilemas son idénticos. Elegimos actuar para salvar a cinco a costa de uno. O elegimos que la historia siga su curso porque nos sentimos sin derecho moral a intervenir para condenar a alguien a quien no le correspondía morir.

Desde otra perspectiva, sin embargo, ambos dilemas son muy distintos. Para exagerar su contraste planteemos un tercer dilema, todavía más disparatado.

Sos el médico en una isla casi desierta. Hay cinco pacientes, cada uno con una enfermedad en un órgano distinto que se resuelve con un único trasplante con el que sabés fehacientemente que quedarán en perfecto estado. Sin el trasplante morirán. Se presenta en el hospital otro habitante de la isla que solo tiene gripe. Sabés que podes anestesiarlo y sacarle sus órganos para salvar a los otro cinco. Nadie lo va a saber y quedará todo a juicio de tu propia conciencia.

En este caso, la inmensa mayoría no sacaría los órganos de uno para salvar a otros cinco, incluso considera aberrante la mera posibilidad de hacerlo. Solo algunos pocos pragmáticos extremos —seguramente, Winston Curchill sería uno de ellos— eligen achurar al pobre hombre con gripe. Este tercer caso nuevamente comparte las motivaciones y las consecuencias de los dilemas anteriores. El médico pragmático obra de acuerdo con un principio razonable, el de salvar a cinco pacientes cuando la única opción en el universo es que muera uno o cinco.

Lo que cambia en los tres dilemas y los hace progresivamente más inadmisibles es la acción que uno tiene que tomar. La primera es girar un volante; la segunda, empujar a alguien, y la tercera, acuchillarlo. Girar el volante no es una acción directa sobre el cuerpo de la víctima. Además, parece inocua e implica una acción frecuente y desligada de la violencia. En cambio, la relación causal entre el empujón al grandote y su muerte queda clara a los ojos y al estómago. En el caso del volante, esta relación solo era clara para la conciencia. El tercero exagera aún más este principio. *Carnear* a una persona parece a todas luces inadmisible.

La primera consideración (cinco o uno), entonces, es utilitaria y racional, y se dicta por una premisa moral, maximizar el bien común o minimizar el mal común. Esta es idéntica en todos los dilemas. La segunda es visceral y emocional, y se dicta por una consideración absoluta: hay ciertas cosas que no se hacen. Son moralmente inaceptables. Esto distingue a los tres dilemas, que sacan a flote en nuestro cerebro una carrera de decisiones *a la Turing* entre argumentos emocionales y racionales. Esta batalla que ocurre indefectiblemente en el seno de cada uno de nosotros se replica en la historia de la cultura, la filosofía, el derecho y la moral.

Una de las posiciones morales canónicas es la deontológica —que deriva del griego *deon,* que refiere a lo que es debido y obligado—, según la cual la moral de las acciones se define por su naturaleza y no por sus consecuencias. Es decir, algunas acciones son intrínsecamente malas sin considerar qué resultados producen.

Otra posición moral es el utilitarismo; se debe actuar de manera de maximizar el bienestar colectivo. El que gira el volante, el que empuja al grandote o el que destripa a un isleño actuaría de acuerdo con un principio utilitario. El que no hace ninguna estas acciones, en cambio, actuaría según un principio deontológico.

Muy pocos responden a una de estas posiciones hasta sus últimas consecuencias. Cada persona tiene un punto de equilibrio distinto entre estos principios. Si la acción necesaria para salvar a la mayoría es muy espeluznante, prima la deontología. Si el bien común se vuelve más exagerado —por ejemplo, si hay un millón de personas que se salvan en vez de una—, prima la utilidad. Si vemos la cara, la expresión o el nombre del que se sacrifica por la mayoría —más aún si es un niño, una persona bella o un familiar—, vuelve a primar la deontología.

La carrera entre lo utilitario y lo emocional se esgrime en dos nodos distintos del cerebro. Los argumentos emocionales se codifican en la parte medial de la corteza frontal y la evidencia a favor de las consideraciones utilitarias, en cambio, en la parte lateral de la corteza frontal.

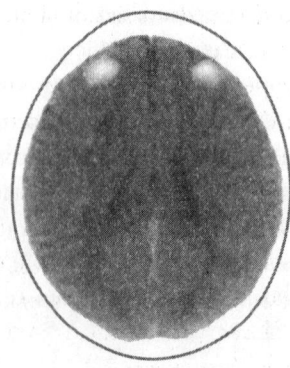 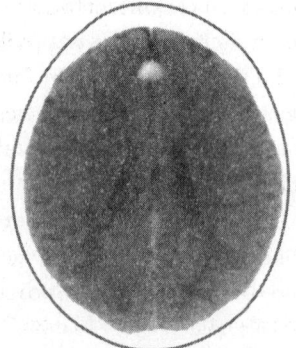

Argumentos racionales   Argumentos emocionales

Emociones y razones en las decisiones morales

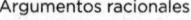

En cada decisión se consideran argumentos racionales y emocionales. Ambos procesos activan la parte de la corteza frontal más cercana a la frente (corteza prefrontal) pero lo hacen de manera distinta. Cuando priman los aspectos emocionales de una decisión se activa más la parte medial de la corteza prefrontal. En cambio, cuando priman las consideraciones racionales se activa en mayor medida la parte lateral de esa corteza.

De la misma manera que se puede alterar la parte del cerebro que nos permite entender la perspectiva del otro y *hackear* nuestra capacidad para hacer teoría de la mente, también podemos intervenir estos dos sistemas cerebrales para inhibir nuestra parte más emocional y potenciar la parte utilitaria. Los grandes dirigentes, como nuestro amigo Churchill, suelen desarrollar recursos y estrategias para acallar su parte emocional y pensar en abstracto. Sucede que la empatía emocional también lleva a cometer todo tipo de injusticias. Por ejemplo, un juez empático tiende a ser más benévolo con las personas a las que considera más atractivas o de rasgos familiares. Desde una perspectiva utilitaria e igualitaria de la justicia, la educación y la gestión política, sería necesario desanclarse —como hizo Churchill— de ciertas consideraciones emocionales. La empatía, una virtud fundamental para el cuidado del prójimo, entorpece cuando se trata de obrar por el bien común sin distinciones ni privilegios.

En la vida cotidiana hay formas muy sencillas de darle peso a un sistema u otro. Uno de los ejemplos más espectaculares lo mostró mi amigo catalán Albert Costa. Su tesis es que al hacer el esfuerzo cognitivo de hablar un segundo idioma nos colocamos en un modo de funcionamiento cerebral en el que afloran los mecanismos de control. Así también aflora la parte medial de la corteza frontal que gobierna el sistema utilitario y racional del cerebro. De acuerdo con esta premisa, todos podríamos cambiar nuestra postura ética y moral según el idioma que hablemos. Y, en efecto, así sucede.

Albert Costa mostró que los castizos somos más utilitarios hablando inglés que nuestra lengua materna. Digamos que si nos plantearan el dilema del grandote y el puente en una lengua extranjera, muchos de nosotros estaríamos más dispuestos a empujarlo. Lo mismo sucede para los ingleses, que se vuelven más utilitarios cuando evalúan semejantes dilemas en castellano.

Albert planteó una conclusión jocosa de su estudio pero que seguramente tiene algo de cierto. La batalla entre lo utilitario y lo emocional no es exclusiva de los dilemas abstractos. En realidad, estos dos sistemas se expresan indefectiblemente en casi todas nuestras deliberaciones. Y, muchas veces, lo hacen en el calor de nuestro hogar con más fogosidad que nunca. Somos en general más agresivos, a veces violentos y despiadados, con la gente que más queremos. Esta es una paradoja rara del amor. En la confianza de una relación libre de cosmética y prejuicio, en la expectativa desmesurada, en los celos, en la fatiga y en el dolor a veces se cultiva una furia irracional. La misma disputa de pareja que en primera persona parece insoportable, vista en tercera persona parece nimia y muchas veces ridícula.[10] ¿Por qué pelean por esa estupidez? ¿Por

---

[10] Cuenta la profesora de literatura Karina Galperín que en la orquesta del Teatro Colón hay rivalidad entre las cuerdas y los vientos. Y agrega que de lejos deben verse así de ridículas todas las rivalidades.

qué simplemente no afloja uno, o los dos, y se ponen de acuerdo? La respuesta es que la consideración no es utilitaria sino caprichosamente deontológica. El umbral de la deontología llega al piso y no estamos dispuestos a hacer el mínimo esfuerzo de resolver algo que aliviaría toda la tensión. Claramente nos convendría ser más racionales. La pregunta es cómo. Y Albert, un poco en broma y un poco en serio, sugiere que la próxima vez que nos peleemos con nuestra pareja, lo hagamos en inglés. Esto permitiría llevar la discusión a aguas más sensatas y menos cargadas de epítetos viscerales.

Winston Churchill, lo sabemos, era un eximio utilitario. Solo así pudo celebrar que los alemanes bombardearan Londres en vez de los aeropuertos del sureste de Inglaterra porque, a costa de muertes civiles, salvaba piezas claves de la estrategia inglesa para el futuro de la guerra. Arthur Neville Chamberlain, su predecesor, fue un deontológico. Actuó tibiamente y sin determinación para evitar situaciones violentas. El ejemplo más famoso fue la firma del tratado de Munich en 1938, que concedió a Alemania parte de Checoslovaquia. Chamberlain festejó frente a una multitud que el tratado hubiera evitado una acción violenta: "Es la segunda vez en nuestra historia que regresamos de Alemania con una paz honrosa. Creo que es una paz para nuestro tiempo". La paz, por supuesto, fue corta, y su sucesor, Churchill, se refirió a este acto deontológico como "la tragedia de Munich".

El equilibrio es complicado. En muchos casos, obrar ecuánimemente requiere desligarnos de propensiones deontológicas. Consideremos un ejemplo exagerado pero pertinente. ¿Cuántas gripes valen una muerte? La pregunta en sí parece macabra. Una muerte tiene un valor infinito, no hay suficientes gripes que puedan compensarla. Ahora hagamos el ejercicio de sentarnos en el sillón de un ministro de Salud que controla el presupuesto médico del Estado. El ministro (vos) sabe que hay gente que muere y que podría salvarse con parte de los fondos disponibles. ¿Destinará entonces parte de los recursos a comprar analgésicos? Esta pregunta ya no es retórica; se trata de una decisión de una pertinencia magna que de manera implícita —porque duele ponerlo en palabras— pondera el costo de una muerte en relación con el bienestar de un conjunto mucho más grande. Si tomamos la perspectiva del valor infinito de la muerte, el Estado solo debería ocuparse de eso y relegar todas las otras consideraciones del bienestar.

Aquí, por supuesto, no doy ningún juicio ni recomendación ni respuesta a estas consideraciones. Optar entre Churchill o Chamberlain es una mera cuestión de gustos, opiniones o posiciones. Establecer normas y principios para la moral es un asunto enorme que forma parte del corazón del pacto social y, por supuesto, excede holgadamente cualquier análisis sobre cómo el cerebro construye estos juicios. Saber y conocer que ciertas consideraciones nos vuelven más utilitarios puede ser útil para el que quiera y no pueda serlo pero no tiene ningún valor para justificar una posición moral sobre otra. Estos dilemas solo sirven para conocernos mejor. Son espejos que reflejan nuestras razones y nuestros demonios, eventualmente, para disponer de ellas a voluntad y que no gobiernen silenciosamente nuestros actos.

LA QUÍMICA Y LA CULTURA DE LA CONFIANZA

Ana está sentada en el banco de una plaza. Va a jugar un juego con otra persona elegida al azar entre las muchas que merodean el lugar. No se conocen, no se ven y no intercambian ni una palabra. Es un juego entre desconocidos.

La organizadora le explica las reglas del juego. Le dan a Ana 500 pesos. Es un regalo. Está claro que no hay ninguna trampa. Ana tiene una única opción: puede elegir cómo repartirlo con la otra persona, quien no sabrá de su decisión. ¿Qué hará?

Las elecciones varían en un gran rango, desde los más altruistas que reparten equitativamente el monto hasta los más egoístas que se lo quedan todo. Este juego de apariencia tan mundana, conocido como "El juego del dictador", se convirtió en un emblema de la frontera entre la economía y la psicología. El punto es que la mayoría no elige maximizar el dinero. La percepción propia de ser *mala gente* tiene un costo. En efecto, la mayoría reparte con cierta generosidad aun cuando se juegue en un cuarto oscuro donde no hay ningún registro de la decisión que toma *el dictador*. Cuánto ofrezca dependerá de muchas variables que incluyen sesgos irracionales e injustos, dominados por el efecto halo.

Eva participa en otro juego. Empieza también con un regalo de 500 pesos que puede repartir como quiera con una desconocida llamada Laura. En este juego, los organizadores triplicarán lo que Eva le dé a Laura. Por ejemplo, si decide darle 200 pesos, le quedarán 300 a ella y 600 a Laura. Si decide darle todo, Eva se quedará sin nada y Laura con 1.500. A su vez, cuando Laura recibe su monto, tiene que decidir cómo quiere repartirlo con Eva. Si las dos jugadoras pudieran ponerse de acuerdo, la estrategia óptima sería que Eva le pasara todo el dinero y luego Laura lo dividiera equitativamente. Así ganarían 750 pesos cada una. El problema es que no se conocen y que además no tienen oportunidad de hacer esta negociación. Es un voto de fe. Si Eva decide confiar en que Laura va a reciprocar su acción gentil, le conviene darle todo. Si cree que Laura va a ser mezquina, entonces le conviene no darle nada. Si —como casi todos nosotros— cree un poco de cada cosa, quizá le convenga obrar salomónicamente y quedarse con un poco —un pozo seguro— e invertir el resto en una suerte de riesgo social.

Este juego, llamado "El juego de la confianza", evoca de manera directa algo que ya recorrimos en el dominio del optimismo: los beneficios y los riesgos de la confianza. Digamos que todos ganaríamos más si confiásemos y cooperásemos con los demás. Visto al revés, la desconfianza cuesta, y no en solo en decisiones económicas sino también en situaciones de la vida social —la pareja seguramente sea la más emblemática.

La ventaja de llevar este concepto a su versión mínima en un juego-experimento es que permite indagar exhaustivamente qué hace que confiemos en el otro. Algunos elementos ya los adivinamos. Por ejemplo, muchos jugadores del experimento suelen encontrar un equilibrio razonable entre confiar y no exponerse por completo. De hecho, el primer jugador suele ofrecer un monto cercano a la mitad. Además, la confianza en el otro depende de si juega con gente de acento parecido, de rasgos faciales y raciales similares, etcétera. Es la moral infame de la forma. Y lo que un jugador ofrece también depende de cuánto dinero está en juego. Alguien que puede estar dispuesto a ofrecer la mitad cuando juega por cien pesos quizá no lo haga cuando juega por cien mil. La confianza tiene un precio.

■ En otra variante de estos juegos conocida como "El juego del ultimátum", el primer jugador, como siempre, debe decidir cómo repartir lo que recibe. El segundo puede aceptar o rechazar esta propuesta. Si la rechaza, ninguno cobra nada. Esto hace que el que ofrece tenga que encontrar un punto de equilibrio justo que suele estar un poco por encima de nada y un poco por debajo de la mitad. Si no, pierden los dos.

Llevando este juego a quince sociedades pequeñas en lugares remotos del planeta, y en búsqueda de lo que denominó como *homo economicus*, el antropólogo Joseph Henrich descubrió que las fuerzas culturales establecen normas bastante precisas en este tipo de decisiones. Por ejemplo, en los pueblos de Au y Gnau de Papúa, Nueva Guinea, muchos participantes ofrecen más de la mitad de lo que reciben, una generosidad raramente observada en otras culturas. Y además, para colmo de rarezas, el receptor suele rechazar la oferta. Esto parece inexplicable hasta que se entiende la idiosincrasia cultural de los pueblos de la Melanesia. De acuerdo con normas implícitas, aceptar regalos, incluso los que no fueron solicitados, implica una obligación estricta de corresponderlos en algún momento futuro. Digamos que tomar el regalo es una suerte de hipoteca.[11]

Dos estudios masivos, uno hecho en Suecia y otro en los Estados Unidos, en mellizos monocigóticos —gemelos idénticos— o dicigóticos —con genomas tan distintos como los de cualquier par de hermanos—, muestran que las diferencias individuales en la generosidad en el juego de la confianza también tienen una predisposición genética. Digamos que si un gemelo tiende a repartir muy generosamente, en la mayoría de los casos, su gemelo idéntico también lo hará. Y, al revés, si uno decide quedarse con todo el botín, hay una probabilidad alta de que su gemelo idéntico también lo haga. Esta relación sucede en mucho menor medida en mellizos dicigóticos, lo que permite descartar que esta similitud resulte meramente de haber crecido juntos, lado a lado, en el mismo hogar. Esto, por supuesto, no contradice lo que ya vimos e intuimos: que las diferencias sociales y culturales influyen en el comportamiento cooperativo. Solo que no son las únicas fuerzas que lo gobiernan.

Encontrar una huella genética en la predisposición a confiar y a cooperar dispara una pregunta un tanto incómoda. ¿Qué estados químicos, hormonales y neuronales hacen que una persona esté más predispuesta a confiar en los otros? Como con las preferencias olfativas, un punto de partida natural para la química de la cooperación

---

[11] Esto sucede también en nuestra sociedad. Es el caso del que prefiere pagar algo para evitar el compromiso y la deuda que deviene del regalo. El ejemplo más exagerado es el que evoca el filósofo italiano Roberto Esposito. La vida es un regalo que nos compromete para siempre.

es estudiar qué sucede en otros animales. Y ahí aparece un candidato natural: la oxitocina, una hormona que modula la actividad cerebral y juega un papel clave en la predisposición a formar lazos sociales. Cuando un jugador aspira oxitocina, juega el juego de la confianza mucho más generosamente que otro que aspira un placebo.

La oxitocina aflora durante la crianza. De hecho, tiene un rol primario en el proceso de activación del útero durante el parto, lo que explica su etimología: del griego, *oxys*, que significa "rápido", y *tokos*, "nacimiento". También se libera por la succión del pezón, lo que facilita la lactancia. Pero la oxitocina no solo predispone al cuerpo para la maternidad, también prepara el carácter de la madre para tan magna hazaña. Las ovejas vírgenes, al recibir oxitocina, se comportan maternalmente con las crías ajenas como si fueran propias. Se vuelven unas madrazas. Y viceversa, las ovejas madres, al recibir sustancias antagonistas que bloquean la acción de la oxitocina, pierden los comportamientos típicos maternales y se desentienden de sus crías. Así, la oxitocina se impuso como la molécula del amor maternal y, más genéricamente, del amor a secas.

Sin embargo, conviene ponerle una cota firme a este resultado. Hace años, la idea de aumentar la empatía y el apego con la *droga del amor* ha sido una suerte de gran fiasco. Las razones de este fracaso son intuitivas. Todas las moléculas generan adaptación en muchas escalas distintas. Es decir, hay una traza biológica y química que cimenta y predispone a una persona a cooperar pero es absurdo pretender que la trama social de confianza se construya sobre una pastilla.

LA SEMILLA DE LA CORRUPCIÓN

La confianza en el prójimo es el entramado de las sociedades humanas. En todas las escalas, en todos los estratos, la confianza amalgama las instituciones. Es clave en la amistad y en el amor y resulta la base del comercio y la política. Cuando no hay confianza, se rompen los puentes que conectan a la gente, y las sociedades se desgranan. Se quiebra todo. Y romper todo, en latín se traduce a *con* (todo) y *rumpere* (romper), de donde deriva nuestro *corromper* actual. La corrupción no deja nada intacto.[12] Destroza la trama de la sociedad.

La corrupción tiene un mapa, que no es difícil de adivinar.[13] Los países nórdicos, Canadá y Australia, están pintados de un amarillo pálido que indica muy poca percepción de corrupción. El resto de Europa, los Estados Unidos y Japón figuran con valores anaranjados intermedios. En América latina, el podio rojo de los corruptos lo lideran Paraguay y Venezuela. Luego viene una buena tropa que incluye a la Argentina. Los menos corruptos de la zona, lejos, son Chile y Uruguay.

Muchos economistas piensan que la corrupción endógena, estructural y filtrada por todos los poros de la sociedad resulta una traba fundamental para el desarrollo. Por lo tanto, entender por qué hay valores de corrupción muy distintos es de una pertinencia extraordinaria, sobre todo si la comprensión de este mecanismo ofrece pistas que eventualmente podrían cambiar el curso de las cosas.

Rafael Di Tella, economista, esgrimista olímpico argentino y profesor en Harvard, desarrolló junto con su estudiante de doctorado Ricardo Pérez-Truglia un proyecto modesto dentro de este gran objetivo, que propone detectar una de las semillas constitutivas de la corrupción. La premisa de Rafael empieza con una cita de Molière: "El que quiere matar a su perro, lo acusa de tener la rabia". La hipótesis de Molière es extraña. Deberíamos construir nuestras opiniones acerca del otro sobre lo que hizo y lo que no; en cambio, lo hacemos por la forma de su cara, la prosodia de su discurso, su manera de caminar. Lo que propone Molière es aun peor, pues construimos

---

[12] "Con", como prefijo, significa "junto a (otro)". Así, corromper también es romper entre varios. Uno no puede ser corrupto a solas.

[13] En este caso me refiero al mapa desarrollado por Transparency International. En realidad no mide directamente la corrupción sino su percepción en cada sociedad.

opiniones acerca del otro sobre lo que nosotros mismos le hemos hecho. Si su hipótesis es cierta, cuando lastimamos a alguien también lo condenamos y le asignamos razones que buscan explicar nuestra agresión injustificada.

Rafael llevó la idea de Molière al laboratorio con un experimento ingenioso llamado "El juego de corrupción".

Como todos los juegos del estilo, empieza con un jugador —llamado repartidor— que decide cómo distribuir un botín de veinte fichas. El botín es el pago por un trabajo aburrido y laborioso que han hecho los dos jugadores, cada uno por su lado y sin conocerse. Que el pago sea producto de un trabajo, y no un regalo, hace que el repartidor esté más inclinado a repartirlo equitativamente. Los aspectos fundamentales del juego de corrupción son estos:

1) Algunos repartidores pueden elegir en completa libertad con cuántas fichas quedarse. Otros tienen un pequeño margen de acción, solo pueden elegir quedarse con diez, once o doce fichas. Por ley del juego están obligados a repartir al menos ocho al otro jugador. Así se controla cuánto puede *maltratar* un jugador al otro para luego ver qué es lo que piensa de él.

2) El receptor recibe las fichas en sobres cerrados, sin saber cómo fueron repartidas. Luego va a canjear las suyas y las del repartidor por efectivo. Al hacerlo tiene que tomar una decisión. Puede canjearlas justamente —cada ficha por diez pesos— o puede corromperse según un arreglo que le ofrece el cajero, que le pagará cinco pesos por cada ficha pero le dará a cambio una coima. Con el arreglo ganan el cajero y el receptor, y se perjudica al repartidor.

En este juego, el repartidor puede obrar de forma generosa o avara, y el receptor puede actuar de forma honesta o corrupta. La pregunta (de Molière) es si los repartidores avaros justifican su acción argumentando que sus receptores van a ser corruptos. La clave fundamental es que las fichas están en un sobre cerrado y por lo tanto, cuando el receptor decide canjearlas, aún no sabe cómo fueron repartidas. En este juego, el que se corrompe lo hace solo por sus propias predisposiciones, y no por venganza o revancha.

Pese a esto, Molière gobierna el juego. Aquellos repartidores a los que se les ofreció más libertad para jugar agresivamente tienden a pensar que los receptores son más corruptos. Y esto vale tanto para su compañero de juego —a quien no conoce— como para la opinión general de la población. Cuando podemos ser más hostiles y agresivos, tendemos a pensar que los otros son corruptos. Entonces, todos los perros son rabiosos.

Falta ahora entender cómo se perpetúa la trama; cómo las opiniones que emanan de nuestras propias acciones a su vez condicionan lo que hacemos y cómo esta red a veces se vicia. Para descifrar esto nos sumamos con Andrés Babino, un estudiante de doctorado en mi laboratorio, al equipo que había armado Rafael Di Tella.

La clave era observar cómo actuaba el repartidor de acuerdo con las creencias que tuviese del otro. Para esto hicimos un nuevo experimento en el que un receptor tenía que actuar de acuerdo con una de estas tres instrucciones:

1) Está obligado a canjear cada ficha por lo que vale.
2) Puede elegir corromperse o no.
3) Está obligado a canjear las fichas por la mitad de su valor y a quedarse con la comisión. Es decir, está obligado a corromperse.

Era esperable que el repartidor —que conocía con qué regla jugaba el otro— repartiese más cuando sabía que su compañero no se corrompería, un poco menos cuando dudaba si el otro iba a corromperse, y todavía menos cuando advertía que su compañero estaba obligado a corromperse.

Sin embargo, esto no sucede. Al contrario, el repartidor distribuye con igual generosidad cuando sabe que el receptor no puede elegir. No importa si la manera en que canjea resulta más o menos favorable para él. Y, en cambio, reparte mucho menos generosamente cuando tiene incerteza respecto de qué va a hacer el receptor. En el juego de creencias y confianzas, lo que mata es la ambigüedad.

El mismo argumento puede pensarse al revés. Somos hostiles con quienes creemos que pueden traicionarnos. Es el miedo a pasar por idiota, a confiar en otro que no nos retribuye de la misma manera. Así, juntando las dos piezas del rompecabezas, las acciones egoístas propias se convierten en creencias nocivas sobre los otros ("son todos corruptos") y la ambigüedad en las creencias de los otros ("pueden ser corruptos") hace que seamos egoístas y agresivos. Es un círculo vicioso que solo se remedia al sembrar firmemente certeza o confianza. Y esto, al menos en el nido del laboratorio, es posible. Para eso debemos adentrarnos en los recovecos de las palabras y en los núcleos más profundos del cerebro.

La persistencia de la confianza social

Cuando un jugador toma una decisión confiada, cooperativa y altruista en el juego de la confianza, se activan regiones de su cerebro que codifican los circuitos dopaminérgicos del placer y la recompensa. Es decir, el cerebro reacciona de manera similar cuando está expuesto a algo placentero —sexo, chocolate, dinero y algunos etcéteras más— o cuando produce una acción solidaria. Esto refleja las intuiciones sobre el capital social. Ser bueno tiene valor. Y explica por qué en todos los juegos económicos es raro encontrar decisiones que solo maximicen el dinero ganado ignorando toda consideración social. Resulta que esta conjetura tiene asidero, pues el capital social no solo es bello y digno, sino que también paga.

Al jugar el juego de la confianza repetidamente, los jugadores aprenden y convergen en un patrón: si un jugador distribuye con generosidad, el otro se vuelve progresivamente más generoso. Y al revés, si uno no es generoso, el otro distribuye de forma cada vez más egoísta. En general, el juego llega a dos soluciones; la perfectamente cooperativa, en que todos los jugadores ganan más, y la egoísta, en que el primer jugador gana menos y el segundo, nada. El cerebro descubre las inclinaciones del otro al utilizar el mismo mecanismo de aprendizaje que explica la neurociencia del optimismo. Una persona, antes de jugar, ya tiene una expectativa acerca de su compañero, si va a cooperar o no. Cuando encuentra una discrepancia, el núcleo caudado del cerebro se activa y libera dopamina.

Esto produce una señal de *error de predicción* que a su vez hace que aprendamos a calcular más precisamente si el otro va a cooperar, o no, en el futuro. A medida que este cálculo se hace más exacto, aprendemos a conocer a nuestros vecinos, hay menos discrepancia entre lo esperado y lo encontrado, y la señal dopaminérgica disminuye. Así, los repartidores más generosos llevan adelante un proceso de aprendizaje en el cual se va corrigiendo un modelo escéptico a fuerza de forjar confianza. Es el circuito neuronal de la reputación social.

Lo más interesante es entender cómo esta cocina lenta de la confianza cuaja en la obstinación por confiar en los demás. Esto quizá pueda explicar las diferencias idiosincráticas entre argentinos, chilenos, venezolanos y uruguayos en su predisposición a confiar en el otro y, eventualmente, a corromperse.

▓ El experimento clave lo hizo la neurobióloga Elizabeth Phelps en Nueva York. Una persona juega repetidamente juegos de confianza con distintos jugadores. Cada uno de sus compañeros de juego era descripto previamente con una breve biografía inventada que lo calificaba como moralmente noble o innoble.

Y descubrió algo extraordinario en el cerebro del que juega con un compañero descripto como moralmente noble, pero que sin embargo se comporta de manera egoísta. Como el cerebro aprende de las discrepancias, lo esperable es que se produzca un error de predicción en el núcleo caudado, que libere dopamina y que esto a su vez permita revisar la opinión sobre la otra persona. A sus buenos pergaminos, habría que restarle esta mala acción que uno acaba de observar. Pero esto no sucede. En cambio, el cerebro hace oídos sordos cuando se da una discrepancia entre lo que *a priori* puede esperarse moralmente de una persona y sus acciones efectivas. El núcleo caudado no se activa, los circuitos de dopamina se apagan y no hay aprendizaje. Esta tozudez es un capital social duradero que puede resistir ciertos tumbos. Quien consolidó con la palabra que el otro va a obrar bien no cambia esa creencia por el mero hecho de encontrar una excepción. Es decir, la trama de la confianza es robusta y duradera. La semilla de la confianza social es prima hermana del optimismo.

Podemos reconocer esto en una situación más mundana. Por ejemplo, cuando alguien cuyas opiniones cinematográficas valoramos nos recomienda enfáticamente una película que, para nosotros, resulta un fiasco. Entonces maldecimos el momento, pero la confianza en él persiste. Tendría que haber muchísimos consejos fallidos más para que empezáramos a cuestionarla. En cambio, si una persona de la que apenas conocemos sus gustos nos recomienda un libro malo, raramente volveremos a escucharla.

RESUMIENDO...

En este capítulo viajamos a lo largo y ancho de las decisiones humanas, desde las más simples hasta las más profundas y sofisticadas. Esas que nos definen y constituyen como seres sociales, la moral, la noción de lo que es justo, a quién amamos. Aquellas que José Saramago dice que "nos toman".

A lo largo de este viaje apareció, naturalmente, una tensión que no se hizo explícita hasta aquí. Por un lado, la existencia de un circuito neuronal común que media prácticamente todas las decisiones humanas. Por otro lado, una manera de decidir marcadamente personal. Por eso, uno es lo que decide. Algunos, como Churchill, son utilitarios y pragmáticos; unos, confiados y arriesgados; otros, prudentes y timoratos. Más aún, este menjunje de decisiones coexiste en el seno de cada uno de nosotros. Todos somos Churchill y Chamberlain, según la ocasión; incluso Churchill.

¿Cómo puede ser que de un mismo mecanismo cerebral resulte una fauna tan diversa de decisiones? La clave es que la máquina tiene tuercas. Y el ajuste fino de estas tuercas resulta en decisiones que parecen muy distintas a pesar de que se asemejen constitutivamente. Así, un ligero cambio en el balance entre la corteza frontal lateral y medial nos define como fríos calculadores o hipersensibles emocionales. Muchas veces lo que percibimos como opuesto es, en realidad, una pequeñísima perturbación de un mismo mecanismo.

Esto no solo es propio de la maquinaria de tomar decisiones. Resulta, quizá, la esencia de la biología que nos define. La diversidad en la regularidad. Noam Chomsky hizo mella al explicar que todos los lenguajes, cada uno con su historia, sus idiosincrasias, usos y costumbres, tienen un esqueleto común. Esta es la idea misma del lenguaje de la genética. *Grosso modo*, todos compartimos los mismos genes; de otro modo sería imposible hablar de un "genoma humano". Pero los genes no son idénticos. Por ejemplo, hay ciertos lugares del genoma —llamados polimorfismos— que gozan de gran libertad y definen en gran medida el individuo único que somos cada uno de nosotros.

Por supuesto, esa semilla toma forma en un caldo de cultivo social y cultural. Por más que haya una predisposición genética y una semilla biológica de la cooperación, es absurdo desde todo punto de vista creer que los noruegos son menos corruptos que los argentinos debido a un bagaje biológico distinto. Sin embargo, aquí hay una sutileza importante. No es imposible —más bien es muy probable— que el cerebro revele en su forma y organización si una persona se desarrolló en una cultura basada en la confianza o la desconfianza. En la cultura se ajustan las tuercas de la máquina, se configuran los parámetros, y el resultado de ese ajuste se expresa en cómo decidimos o confiamos. Es decir, la cultura y el cerebro se entrelazan en un eterno y grácil bucle.[14]

[14] Mi humilde homenaje al célebre libro *Gödel, Escher, Bach*, de Douglas Hofstadter, publicado en 1979 por Penguin Books, que influyó en una generación de científicos —incluyéndome— a lanzarse desde las disciplinas más analíticas y cuantitativas hacia la aventura del cerebro y el pensamiento humano.

CAPÍTULO 3

La máquina que construye la realidad

*¿Cómo nace la conciencia en el cerebro
y cómo nos gobierna el inconsciente?*

Hoy es posible leer y explorar el pensamiento, decodificando los patrones de actividad cerebral. De esta forma podemos saber, por ejemplo, si un paciente vegetativo tiene o no conciencia. También podemos explorar el sueño y dilucidar si realmente sucedió tal como lo recordamos o si es una fábula creada por nuestro cerebro al despertar. ¿Quién se despierta cuándo se despierta la conciencia? ¿Qué sucede en ese preciso momento?

La conciencia, como el tiempo o el espacio, es un asunto que todos conocemos pero que apenas podemos definir. La percibimos en primera persona y la adivinamos en el otro, pero es casi imposible decir cómo está constituida. Es escurridiza al punto que parece inevitable caer en una suerte de dualismo, apelando a algún artilugio (alma, homúnculo).

LAVOISIER, AL CALOR DE LA CONCIENCIA

Hoy, la neurociencia, con su capacidad de manipular y adivinar las huellas de la conciencia, está donde la física estaba respecto del calor en plena revolución industrial. Hacia ahí vamos; el 8 de mayo de

1794, en París, acusado de todo tipo de traiciones, el más espléndido de los científicos galos fue guillotinado por la tropa de Maximilien Robespierre. Antoine Lavoisier tenía cincuenta años y dejó, entre otros legados, un tratado titulado *Sobre el calor*, que iba a cambiar el orden social y económico del mundo.

En el esplendor de la revolución industrial, la máquina de vapor era el motor del avance económico. La física del calor, que hasta entonces había sido una mera curiosidad intelectual, se trasladaba al centro de la escena. Los emprendedores del momento necesitaban respuestas urgentes a un problema del cual los científicos no sabían casi nada. Entonces, sobre los pilares de Lavoisier, Nicolas Léonard Sadi Carnot, en un borgiano *Tratado universal de máquinas*, esbozó de una vez y para siempre la máquina ideal.

Vista hoy desde la perspectiva privilegiada del tiempo pasado, hay algo extraño en esta epopeya de la ciencia que rememora el presente de la conciencia. Lavoisier y Carnot no tenían la más pálida idea de qué era el calor. Peor aún, estaban atascados entre mitos y concepciones erróneas. Creían, por ejemplo, que el calor era la expresión de una sustancia, convenientemente llamada *calórico*. Hoy sabemos que el calor es en realidad un estado —agitado y en movimiento— de la materia. De hecho, para los más versados en el tema, la idea del calórico parece infantil, casi absurda.

¿Qué pensarán los futuros conocedores de la conciencia sobre nuestras concepciones actuales? Hoy, la neurociencia está entre Lavoisier y Carnot. Somos capaces de detectar la conciencia, de manipularla, de adivinar sus trazas y signaturas. Hoy, como antes con el calor, la ciencia tiene que dar prontas respuestas sobre el problema de la conciencia, de cuyo sustrato fundamental aún no sabemos nada. Pero al igual que en aquel momento, esto no nos impide hacer ciencia.

LA PSICOLOGÍA EN LA PREHISTORIA DE LA NEUROCIENCIA

Sigmund Freud fue el Lavoisier de la conciencia. Al intuir, caracterizar y en cierta medida descubrir el inconsciente, el padre del psicoanálisis definió al consciente por oposición constitutiva. Como el día y la noche, o la luz y la oscuridad.

La gran conjetura de Freud fue que el pensamiento consciente es apenas la punta del iceberg. Hizo este hallazgo en plena oscuridad, observando trazas indirectas del inconsciente. En la actualidad, en cambio, los procesos cerebrales inconscientes son observables en tiempo real y alta resolución.

El grueso de la obra de Freud y casi todo su linaje intelectual se construyó sobre una trama psicológica, desligada en gran medida de la fisiología cerebral. Sin embargo, también se ocupó —en idas y venidas durante el curso de su vida— de forjar una teoría de los procesos mentales fundada en el cerebro. Esta búsqueda parece razonable. Para entender la digestión, un gastroenterólogo observa el esófago y el estómago. Para entender la respiración, un neumonólogo analiza cómo funcionan los bronquios y por qué se inflaman. De forma análoga, la observación de la estructura y el funcionamiento del cerebro y su maraña de neuronas es un camino natural para quien quiere entender los contornos del pensamiento. Sigmund Freud, extraordinario profesor de neuropatología, conocía en detalle —al menos tanto como era posible en aquel momento— la composición material del cerebro.

Freud declaró sus intenciones en uno de sus primeros textos, *El proyecto*, publicado póstumamente, la construcción de una psicología que fuera una ciencia natural, explicando los procesos psíquicos como estados determinados y cuantitativos de la materia. Agregó, además, que las partículas constitutivas de la materia psíquica son las neuronas. Esta última conjetura revela una magnífica intuición de Freud raramente reconocida.

En aquellos años, los científicos Santiago Ramón y Cajal y Camilo Golgi mantenían una acaloradísima discusión. Cajal sostenía que el cerebro estaba formado por neuronas que se conectaban entre sí. Golgi, en cambio, pensaba al cerebro como un retículo, como si estuviera todo enhebrado por un único hilo. Esta batalla campal de la ciencia se dirimía en el microscopio. Golgi, el gran experimentador, desarrolló una técnica de tinción —conocida, todavía hoy, como *tinción de Golgi*— para ver lo que antes era invisible. Con esa tintura, los bordes grises sobre un fondo gris del tejido cerebral adquirían contraste y se hacían visibles en el microscopio, brillantes como el oro. Cajal utilizó la misma herramienta. Pero como buen dibujante, también era un magnífico observador y, donde Golgi veía un continuo, Cajal vio lo opuesto, piezas disjuntas (neuronas) que apenas se tocaban. Derrumbando de plano la imagen de la ciencia como un mundo de verdades objetivas, los dos enemigos acérrimos ganaron juntos el primer Premio Nobel de Fisiología. Es uno de los ejemplos más preciosos de la ciencia al celebrar con su premio máximo, en la misma fiesta, dos concepciones antagónicas.

Pasado el tiempo, y con muchos —y más potentes— microscopios a cuestas, hoy sabemos que Cajal tenía razón. De ahí proviene la neurociencia, la ciencia que estudia las neuronas, y el estudio del órgano que conforman esas neuronas, y las ideas, los sueños, las palabras, los deseos, las decisiones, los anhelos y los recuerdos que manufacturan. Pero cuando Freud fundó su *proyecto*, el debate entre neuronas y retículos todavía no estaba resuelto. Por lo tanto, es en retrospectiva algo extraordinario que el modelo de cerebro que Freud esbozó en *El proyecto* estuviera constituido por una red de neuronas conectadas.

Freud entendió que las condiciones no estaban dadas aún para una ciencia natural del pensamiento y que, por lo tanto, su *proyecto* no lo tendría como testigo. Hoy el inconsciente ya no está en la oscuridad como en aquel momento, y los herederos de Freud podemos tomar esta posta con una gran ventaja. La lupa con la que observamos el cerebro es mucho más fina y nos permite descifrar estados cerebrales que cambian en el tiempo y que revelan con detalle estados de nuestro pensamiento, incluso aquellos inconscientes que son opacos para nosotros mismos.

FREUD EN LA OSCURIDAD

En *El proyecto*, Freud esbozó la primera red neuronal concebida en la historia de la ciencia. Esta red capturó la esencia de los modelos más sofisticados que hoy emulan en gran detalle la arquitectura cerebral de la conciencia. Estaba constituido por tres clases de neuronas, *phi*, *psi* y *omega*, que funcionaban como un dispositivo hidráulico.

Las *phi* (φ) son las neuronas sensoriales y forman circuitos rígidos que producen reacciones estereotipadas, como los reflejos. Freud adivinó una propiedad de estas neuronas que hoy cuenta con harta evidencia experimental: viven en el presente. Las neuronas *phi* se descargan rápido porque están constituidas de paredes permeables que pierden presión poco después de adquirirla. Así, transmiten el estímulo recibido y, casi instantáneamente, lo olvidan. Freud se equivocó en la física —las neuronas se cargan eléctrica y no hidráulicamente—, pero el principio es casi homólogo; las neuronas sensoriales de la corteza visual primaria se caracterizan biofísicamente por tener tiempos rápidos de carga y descarga.

Las neuronas *phi* detectan también el mundo interno. Por ejemplo, reaccionan cuando el cuerpo registra que es necesario hidratarse produciendo la sensación de sed. Así estas neuronas confieren un objetivo, una suerte de razón de ser —buscar agua en este caso— pero no tienen memoria ni conciencia.

Freud introdujo entonces otra clase de neuronas, llamadas *psi* (Ψ), capaces de formar memorias y que permiten a su agente desligarse de la inmediatez del presente. Las neuronas *psi* están formadas por una pared impermeable que acumula sin pérdidas la historia de las sensaciones. Hoy sabemos que las neuronas en la corteza parietal y frontal —que codifican la memoria de trabajo (activas, por ejemplo, al recordar un número de teléfono o una dirección durante algunos segundos)— funcionan de manera similar a la que conjeturó Freud. Solo que, en lugar de tener una carcasa impermeable, logran mantener viva su actividad mediante un mecanismo de retroalimentación. Como una especie de bucle que les permite recuperar la corriente que pierden a cada instante. En cambio, las memorias de largo plazo —por ejemplo, un recuerdo de la infancia— funcionan de manera muy distinta de la que conjeturó Freud. El mecanismo es complejo pero, en gran medida, la memoria se establece en el patrón de conexión entre neuronas y en los cambios estructurales de estas, no en su carga eléctrica dinámica. Esto resulta en sistemas de memoria más estables y menos costosos.

Freud intuyó otro problema que sería premonitorio. Como la conciencia se nutre de las experiencias pasadas y de las representaciones del futuro, no puede estar adscripta al sistema *phi*, que solo codifica el presente. Y como el contenido de la conciencia —es decir, lo que estamos pensando— cambia continuamente, tampoco pueden corresponderse al sistema *psi*, que no cambia en el tiempo. Con evidente fastidio, Freud invocó entonces un nuevo sistema de neuronas a las que denominó *omega* (ω). Estas neuronas pueden —como las de memoria— acumular la carga en el tiempo y, por lo tanto, organizarse en episodios. Su hipótesis era que la activación de estas neuronas se correspondía con la conciencia y que podían integrar información en el tiempo y saltar, como en una rayuela, de un estado a otro al ritmo de un reloj interno.

Ya veremos que este reloj efectivamente existe en nuestro cerebro, que organiza la percepción consciente en una secuencia de fotogramas y que esto explica, por ejemplo, por qué al observar una carrera de coches, las ruedas a veces parecen girar en dirección opuesta.

EL LIBRE ALBEDRÍO ABANDONA EL DIVÁN

Una de las ideas más potentes del circuito neuronal de Freud quedó apenas sugerida en *El proyecto*. Las neuronas *phi* (sensaciones) activan las neuronas *psi* (memoria), que a su vez activan las neuronas *omega* (conciencia). Es decir, la conciencia se origina en los circuitos inconscientes, no en los conscientes. Este flujo sentó un precedente para tres ideas entrelazadas y decisivas del estudio de la conciencia:

1) Casi toda la actividad mental es inconsciente.
2) El inconsciente es el motor genuino de nuestras acciones.
3) El consciente hereda y, en cierta medida, *se hace cargo* de estos chispazos del inconsciente. Si esto no le da al consciente la autoría genuina del accionar, al menos le asigna la capacidad de manipularlo y, eventualmente, vetarlo.

Esta tríada, un siglo después, se ha vuelto tangible por medio de experimentos precisos que *hackean*, provocan y delimitan la noción del libre albedrío. Cuando elegimos algo, ¿había genuinamente otra opción? ¿O todo estaba ya determinado en el cerebro y solo tuvimos la ilusión de ser protagonistas?

■ El libre albedrío saltó a la arena científica con un experimento fundacional de Benjamin Libet. La primera astucia fue llevar la libertad de expresión a su versión más rudimentaria, la de una

LA VIDA SECRETA DE LA MENTE

persona eligiendo, en plena libertad y voluntad, cuándo pulsar una tecla. Esto redujo el espacio de las intenciones a un único acto de un solo *bit*. Es una libertad sencilla, mínima, pero libertad al fin. Después de todo, cada uno aprieta el pulsador cuando se le antoja. ¿O no es así?

Libet entendió que para desenmascarar este enigma tan fundamental tenía que registrar al mismo tiempo tres canales de la identidad.

En primer lugar, el momento exacto en que un supuesto libre tomador de decisiones cree que toma una decisión. Imaginá, por ejemplo, que estás en un trampolín, deliberando durante un buen rato si te lanzás a la piscina. El proceso puede ser largo, pero hay un momento bastante preciso en que vas a resolver tirarte (o no). Con un reloj de alta precisión, y cambiando el vértigo de la pileta por una mera tecla, Libet registró el momento preciso en que los participantes sentían que tomaban la decisión de pulsar la tecla. Esta medida refleja en realidad una creencia subjetiva, el relato que nos hacemos de nuestro propio libre albedrío.

Libet también registró la actividad muscular para conocer el momento preciso en que los participantes hacían uso de su supuesta libertad y pulsaban la tecla. Y descubrió que había un pequeño desfase de unos 300 milisegundos —es decir, una fracción de segundo— entre que creían haber tomado una decisión y la hacían efectiva. Esto es razonable y refleja simplemente el tiempo de conducción de la señal motora para que se ejecute la acción. La condición extraordinaria del experimento de Libet aparece en su tercer registro. Descubrió una traza de actividad cerebral que le permitió identificar el momento en que una persona presionaría el botón medio segundo antes de que los propios autores de la acción reconociesen su intención. Fue la primera demostración clara en la historia de la ciencia de un observador capaz de decodificar la actividad cerebral para predecir la intención de otra persona. Es decir, de leer el pensamiento ajeno.

El experimento de Libet dio lugar a un campo de investigación que produjo un sinfín de nuevas preguntas, detalles y objeciones. Aquí apenas revisamos tres. Las primeras dos son de fácil solución. La tercera abre una puerta a algo que apenas conocemos.

Una primera objeción, el momento en que se toma la decisión no siempre es claro. Y aunque lo fuese, es posible que no se pueda anotar con precisión. Una segunda objeción natural es que antes de tomar una decisión uno se prepara para ejecutarla. Uno puede ponerse en posición de salto sin siquiera haber decidido saltar a la pileta. Muchos, de hecho, nos retiraríamos taciturnamente del trampolín sin saltar. Quizá lo que observó Libet fuera el merodeo preparatorio de una decisión.

Estas dos objeciones se resuelven en una versión contemporánea del experimento de Libet, con dos diferencias sutiles pero decisivas. En primer lugar, se mejora la resolución del instrumento de medición utilizando una resonancia magnética en vez del electroencefalograma de pocos canales empleado por Libet, con lo que se hace posible decodificar estados cerebrales con mayor precisión.

La segunda, sencillamente, multiplicar por dos la libertad de expresión, pues la persona puede elegir ahora entre dos teclas. Esta variante mínima permite separar la elección (botón derecho o izquierdo) de la acción (el momento de apretar uno de los botones).

Con este agregado y con nueva tecnología, la lupa para buscar una semilla inconsciente de nuestras decisiones aparentemente libres y conscientes se volvió mucho más efectiva. Así, se descubrió que a

LA VIDA SECRETA DE LA MENTE

partir de la actividad en una región de la corteza frontal es posible descifrar el contenido de una decisión diez segundos antes de que una persona *sienta* que la está tomando. La región *alcahueta* del cerebro que denota nuestras acciones futuras es vasta pero incluye especialmente un zona en la parte más frontal y medial que ya conocemos: el área de Brodmann 10, que articula los estados internos con el mundo externo. Es decir, cuando una persona toma efectivamente una decisión desconoce que en realidad, diez segundos antes, ya estaba tomada.

El problema de más difícil solución en el experimento de Libet es, en todo caso, saber qué sucede si alguien decide intencionalmente pulsar la tecla pero luego frena de forma deliberada esa resolución. Sobre esto respondió el mismo Libet, argumentando que la conciencia no tiene voto pero tiene veto. Es decir, no tiene la capacidad ni la libertad de dar inicio a una acción —menester del inconsciente— pero puede, una vez que esta acción se vuelve observable para su propio registro, manipularla y eventualmente frenarla. La conciencia, en este escenario, es una suerte de *vista previa* de nuestras acciones para poder filtrarlas y moldearlas.

En el experimento de Libet, si alguien decide apretar la tecla y luego cambia de opinión, se puede observar una cascada de procesos cerebrales; el primero codifica la intención de la acción que nunca se realiza; luego, un segundo proceso muy distinto del primero revela un sistema de monitoreo y censura gobernado por otra estructura en la parte frontal del cerebro que ya conocimos, el cingulado anterior.

¿Será que la decisión consciente de frenar una acción viene también de otra semilla inconsciente? Esto es todavía —a mi entender— un misterio. El problema está esbozado en la fábula borgiana de las piezas de ajedrez:

> *Dios mueve al jugador, y este, la pieza.*
> *¿Qué Dios detrás de Dios la trama empieza*
> *de polvo y tiempo y sueño y agonía?*

En esta infinita recursión de voluntades que controlan voluntades —la decisión de tirarse a la pileta, luego la de arrepentirse y por lo tanto frenarla, después otra que apaga el miedo para que la primera pueda seguir su curso...— aparece un bucle. Es la capacidad del cerebro de observarse a sí mismo. Y este bucle quizá constituya el principio de la conciencia.

EL INTÉRPRETE DE LA CONCIENCIA

Los dos hemisferios del cerebro están conectados por una estructura masiva de fibras neuronales llamada cuerpo calloso. Es como un sistema de puentes que coordina el tránsito entre dos mitades de una ciudad dividida por un río; sin el puente, la ciudad se parte en dos. Sin el cuerpo calloso, cada hemisferio cerebral atiende su juego. Hace algunos años, para remediar algunas epilepsias refractarias a los tratamientos farmacológicos, se eliminaba la conexión entre hemisferios. La epilepsia es, en cierta medida, un problema de tránsito de actividad en el cerebro, en el que se forman ciclos de actividad neuronal que se retroalimentan. Interrumpir el tránsito es, entonces, una manera dramática pero efectiva de frenar estos ciclos y, con eso, la epilepsia.

¿Qué pasa con el lenguaje, las emociones y las decisiones de un cuerpo que está gobernado por dos hemisferios que no se comunican entre sí? La metódica respuesta a esta pregunta, que permite entender además cómo los hemisferios se reparten funciones, le valió a Roger Sperry el Premio Nobel —compartido con Torsten Wiesel y David Hubel— en 1981. Sperry, junto con su estudiante Michael Gazzaniga, descubrió un hecho extraordinario que, al igual que el experimento de Libet, cambió la manera de entender cómo construimos la realidad y, con ello, el combustible de la conciencia.

Sin el cuerpo calloso, la información a la que accede un hemisferio puede no estar disponible para el otro. Cada hemisferio, por lo tanto, construye su propia película. Pero estas dos películas están protagonizadas por el mismo cuerpo. Como las fibras sensoriales y motoras se cruzan, el hemisferio derecho *ve* solo la parte izquierda del mundo y también controla la parte izquierda del cuerpo. Y viceversa. Por otro lado, algunas (pocas) funciones cognitivas están bastante compartimentadas en cada hemisferio. Los casos típicos son el lenguaje (hemisferio izquierdo) y la capacidad de dibujar o de representar un objeto en el espacio (hemisferio derecho). Por eso, si a un paciente con hemisferios separados le muestran un objeto del lado izquierdo del campo visual, puede dibujarlo pero no nombrarlo. En cambio, un objeto a la derecha del campo visual accede al hemisferio izquierdo y por lo tanto puede ser nombrado pero difícilmente dibujado.

El gran descubrimiento de Sperry fue entender cómo se construye el relato de la conciencia. Imaginá la siguiente situación. Un paciente con los hemisferios separados observa una instrucción en el campo visual izquierdo. Por ejemplo, que le darán dinero por levantar una botella de agua. Como fue presentada en el campo visual izquierdo, esta instrucción es accesible solo para el hemisferio derecho. El paciente toma la botella. Luego le preguntan al otro hemisferio por qué la levantó. ¿Qué responde? La respuesta correcta, desde la perspectiva del hemisferio izquierdo —que no vio la instrucción— debería ser "no lo sé". Pero el paciente no dice esto. En cambio, (se) inventa una historia. Argumenta que tomó la botella porque tenía sed o porque quería servirle agua a otra persona.

Reconstruye una historia plausible para justificar la acción que acaba de tomar, dado que la verdadera razón le resulta inaccesible.

Por eso, el consciente es, además de un testaferro, un intérprete, una suerte de narrador que crea un relato para explicar en retrospectiva la muchas veces inexplicable trama de nuestras acciones.

EXPERIMENTÁCULOS: LA LIBERTAD DE EXPRESIÓN

Quizá lo más llamativo del relato ficticio de los pacientes con hemisferios separados sea que no se trata de una impostura deliberada para ocultar a los demás su ignorancia. El relato es verídico incluso para ellos mismos. La capacidad de la conciencia de oficiar de intérprete y de inventarse razones es mucho más frecuente que lo que reconocemos.

Un grupo de suecos de Lund —en las vecindades de Ystad, donde el detective Kurt Wallander también se ocupa, a su manera, de las triquiñuelas de la mente— produjo una versión más circense del experimento del intérprete. Estos suecos son, además de científicos, magos y, por lo tanto, saben mejor que nadie cómo forzar la elección de sus espectadores, haciéndoles creer que eligieron en pleno uso de su libertad. Este jaque al libre albedrío es una suerte de socio en el mundo del espectáculo del proyecto fundado por Libet.

El experimento o truco, que aquí viene a ser lo mismo, funciona así: una persona ve dos cartas, cada una con la foto de la cara de una mujer, debe elegir la que considera más atractiva y luego justificar su elección. Hasta aquí, ni mucha magia ni mucha ciencia. Pero, a veces, el científico —que también oficia de mago— le da al participante —que también oficia de espectador— la carta que no eligió. Esto, por supuesto, con un sutil pase de magia que hace imperceptible el cambio. Y entonces ocurre lo extraordinario. En lugar de decir "disculpe, yo elegí la otra", la mayoría de los participantes empieza a dar argumentos a favor de una elección que en realidad nunca tomó. Otra vez la ficción; otra vez nuestro intérprete genera una historia en retrospectiva para explicar la trama desconocida de los hechos.

En Buenos Aires, con mi amigo y colega Andrés Rieznik, armamos una yunta de magia y pesquisa para desarrollar *experimentáculos*, espectáculos que son también experimentos. Con Andrés investigamos el *forzado psicológico*, un concepto fundamental en la magia que es casi el opuesto del libre albedrío. Se trata de un conjunto de herramientas precisas para lograr que el espectador elija lo que el mago quiere. En su libro *Libertad de expresión*, el gran mago español Dani Daortiz explica justamente cómo el uso del lenguaje, el tiempo y la mirada logran hacer que el otro opte por aquello que uno quiere. En los experimentáculos, cuando el mago pregunta al público si vio o no algo, o si eligió la carta "que quería", está en realidad siguiendo un guión preciso y metódico para investigar cómo tomamos decisiones, percibimos y recordamos.

Utilizando estas herramientas determinamos lo que los magos intuían: el espectador no tiene la menor idea de que está siendo forzado y cree, de hecho, que ejerce sus elecciones en plena libertad. El espectador construye luego relatos —a veces muy esotéricos— para explicar y justificar elecciones que nunca tomó, pero que cree haber tomado. Lo más novedoso fue encontrar indicios en el cuerpo que revelan si la elección fue libre o no. Descubrimos esto midiendo la dilatación de la pupila, una respuesta autonómica e inconsciente que refleja, entre otras cosas, el grado de atención y concentración de una persona. Aproximadamente, un segundo después de una elección, la pupila se dilata casi cuatro veces más cuando el mago fuerza una decisión que cuando no lo hace. Es decir, el cuerpo sabe si ha sido forzado o no a elegir. Pero el espectador no tiene ningún registro consciente. Para conocer las verdaderas razones de una decisión, entonces, los ojos convienen más que las palabras.

Estos experimentos abordan el viejo dilema filosófico de la responsabilidad y, en cierta medida, cuestionan la noción simplista del libre albedrío. Pero de ninguna manera lo derrumban. No sabemos dónde ni cómo se origina la chispa inconsciente de Libet. Si es que ya estaba escrita hace tiempo o si hay genuinamente un ente —uno y su libre albedrío— capaz de gobernar el curso de las cosas. Sobre estas preguntas hoy solo podemos conjeturar, como lo hacía Lavoisier al hablar del calórico.

EL PRELUDIO DE LA CONCIENCIA

Vimos que el cerebro es capaz de observar y monitorear sus propios procesos para controlarlos, inhibirlos, moldearlos, frenarlos o simplemente darles curso, y esto da lugar a un bucle que es el preludio de la conciencia. Ahora veamos cómo tres preguntas en apariencia inocuas y mundanas pueden ayudarnos a develar y comprender el origen, la razón y las consecuencias de este bucle.

¿POR QUÉ NO PODEMOS HACERNOS COSQUILLAS A NOSOTROS MISMOS?

Uno puede tocarse, observarse, acariciarse o, como Marcel Marceau, hacerse un mimo. Pero nadie es capaz de hacerse cosquillas a sí mismo. Charles Darwin, el gran naturalista y padre de la biología contemporánea, entre sus muchos menesteres abordó esta pregunta con rigor y profundidad. Su idea era que las cosquillas solo funcionan si uno se ve sorprendido, y ese factor inesperado desaparece cuando lo ejecutamos sobre nosotros mismos. Suena lógico, pero es falso. Cualquiera que haya hecho cosquillas sabe que son igualmente efectivas —o incluso más— si se pone sobre aviso a la víctima. El problema de la imposibilidad reflexiva de las cosquillas se vuelve entonces mucho más misterioso; no es solo la falta de sorpresa.

LA VIDA SECRETA DE LA MENTE

En 1971, Larry Weiskrantz publicó un artículo en la afamadí-sima revista científica *Nature*, titulado "Observaciones preliminares sobre hacerse cosquillas a sí mismo". Por primera vez, las cosquillas entraban por la puerta grande en la investigación de la conciencia. Luego fue Chris Frith, otro personaje ilustre en la historia de la neurociencia humana, el que tomó en serio a las cosquillas —valga el oxímoron— como una ventana privilegiada para el estudio de la conciencia.

■ Frith construyó un *cosquillador*, una suerte de artilugio mecánico para hacerse cosquillas a uno mismo. El detalle que convirtió el juego en ciencia es la posibilidad de cambiar la intensidad y, especialmente, la demora con la que actúa. Cuando el *cosquillador* responde con una demora de apenas medio segundo, las cosqui-llas se sienten como si las hiciera otro. En efecto, dejar pasar un tiempo entre nuestras acciones y sus consecuencias produce una extrañeza que hace que se perciban como ajenas.[1]

¿POR QUÉ, AL MOVER LOS OJOS, LA IMAGEN QUE VEMOS NO SE MUEVE?

Los ojos están permanentemente en movimiento. Dan, en promedio, tres *sacadas* o saltos abruptos por segundo. En cada *sacada*, los ojos se mueven a toda velocidad de un lado al otro de la imagen. Si los ojos se mueven todo el tiempo, ¿por qué está fija la imagen que construyen en nuestro cerebro?

---

[1] Hay otros extrañamientos que se pueden lograr con manipulaciones temporales. En su obra *The Greeting*, de 1955, Bill Viola recreó una pintura manierista. A primera vista, se trata de una imagen de tres mujeres. Luego, mirando con atención y casi por casualidad, se reconoce que las mujeres se están acercando. Pero todo ocurre tan lenta-mente que es imposible asociar las imágenes al movimiento. Después de diez minutos, las mujeres están abrazadas. Se ha dicho que Bill Viola no introduce las imágenes en el tiempo, sino el tiempo en las imágenes.

Hoy sabemos que el cerebro edita la trama visual. Es una especie de director de cámara de la realidad que construimos. La estabilización de la imagen depende de dos mecanismos que hoy se están ensayando en cámaras digitales. El primero es la *supresión sacádica*; el cerebro corta literalmente el registro de la imagen cuando estamos moviendo los ojos. Dicho de otra manera, en el instante en que movemos los ojos somos ciegos.

■ Esto se puede mostrar con un experimento casero instantáneo: parate delante de un espejo y dirigí la mirada a un ojo y luego al otro. Al hacer esto, claro, los ojos se mueven. Sin embargo, vas a ver en el espejo tus ojos inmóviles. Es la consecuencia de la *microceguera* que ocurre en el momento preciso en que los ojos se están moviendo.

Incluso si recortamos la película mental en el momento en que se mueven los ojos, sigue habiendo un problema. Luego de una sacada, la imagen debería desplazarse tal como sucede en las películas caseras, o en las de *Dogma*, cuando el cuadro de una cámara cambia de forma instantánea de un punto a otro de la imagen. Sin embargo, esto no pasa. ¿Por qué? Sucede que los campos receptivos de las neuronas de la corteza visual primaria —algo así como los receptores que codifican cada pixel de la imagen— también se desplazan para compensar el movimiento de los ojos. Eso genera una trama perceptiva suave, en que la imagen permanece estática pese a que el encuadre cambie continuamente. Este es uno de los tantos ejemplos de cómo nuestro aparato sensorial se reconfigura de manera drástica de acuerdo con el conocimiento que el cerebro tiene de las acciones que va a ejecutar. Es decir, el sistema visual es como una cámara activa que se conoce a sí misma y que cambia su manera de registrar según cómo vaya a moverse. Es otra huella del comienzo del *bucle*. El cerebro se reporta a sí mismo, tiene registro de sus propias actividades. Es el preludio de la conciencia.

En un marco muy distinto, es la misma idea que rige la imposibilidad de hacerse cosquillas. El cerebro prevé el movimiento que va a hacer, y esa advertencia genera un cambio sensorial. Esta anticipación no puede funcionar de manera consciente —uno no puede evitar deliberadamente sentir cosquillas, como tampoco editar voluntariamente la trama visual— pero constituye la semilla de la conciencia.

¿CÓMO SABEMOS QUE LAS VOCES MENTALES SON NUESTRAS?

Nos pasamos el día hablando con nosotros mismos, casi siempre en voz baja. En la esquizofrenia, este diálogo se funde con la realidad en una organización del pensamiento plagada de alucinaciones. Chris Frith resume esta idea de la siguiente manera: todos alucinamos y confabulamos, y lo que distingue en mayor medida a la mente esquizofrénica es la incapacidad de reconocer esas voces como propias. Y al no reconocerlas como propias, como con las cosquillas, es imposible controlarlas.

Este argumento puede pasar por un tenaz escrutinio experimental. La región del cerebro que codifica los sonidos —la corteza auditiva— responde de manera atenuada cuando escuchamos nuestra propia voz en tiempo real. El mismo discurso, escuchado fuera del contexto en que uno mismo lo produce, genera respuestas cerebrales de mayor amplitud. Lo mismo que sucede con las cosquillas. Esta diferencia no se observa en la corteza auditiva de un esquizofrénico, cuyo cerebro no distingue la voz propia de una ajena.

Resulta muy difícil entender las rarezas de la mente para quien no las experimenta. ¿Cómo alguien puede percibir las conversaciones mentales propias como si fueran ajenas? Están ahí dentro, nosotros las producimos, es evidente que son propias. Sin embargo, hay un espacio en el que recurrentemente casi todos cometemos el mismo error: los sueños. También son ficciones de nuestra imaginación, pero el sueño ejerce su propia soberanía; es muy difícil, casi imposible, apropiarse de su relato. Más aún, muchas veces es imposible reconocerlo como un sueño o una fábula de nuestra imaginación. Por eso experimentamos alivio al despertar de una pesadilla. En algún sentido, entonces, el sueño y la esquizofrenia se aproximan, pues ambos coinciden en no reconocer la autoría de sus propias creaciones.[2]

En síntesis: el círculo de la conciencia

Estos tres fenómenos sugieren un principio común. Cuando se ejecuta una acción, el cerebro no solo envía una señal a la corteza motora —para que se muevan los ojos y las manos— sino que se alerta a sí mismo para reacomodarse con anticipación. Para poder estabilizar la cámara, para poder reconocer las voces internas como propias. A ese mecanismo se lo llama *copia eferente*, y constituye una manera que tiene el cerebro de observarse y monitorearse a sí mismo.

Ya vimos que el cerebro es una fuente de procesos inconscientes, algunos de los cuales se expresan en acciones motoras. Poco antes de su ejecución, estas se vuelven *visibles* para el propio cerebro, que las identifica como propias. Esa suerte de firma cerebral tiene consecuencias. Sucede cuando movemos los ojos, cuando no podemos hacernos cosquillas, cuando reconocemos mentalmente nuestra pro-

---

[2] Fragmento de la segunda noche de *Siete noches*. Habla Borges: "Me encontraba con un amigo, un amigo que ignoro: lo veía y estaba muy cambiado. Yo nunca había visto su cara pero sabía que su cara no podía ser ésa. Estaba muy cambiado, muy triste. Su rostro estaba cruzado por la pesadumbre, por la enfermedad, quizá por la culpa. Tenía la mano derecha dentro del saco (esto es importante para el sueño). No podía verle la mano, que ocultaba del lado del corazón. Entonces lo abracé, sentí que necesitaba que lo ayudara: 'Pero, mi pobre Fulano, ¿qué te ha pasado? ¡Qué cambiado estás!' Me respondió: 'Sí, estoy muy cambiado'. Lentamente fue sacando la mano. Pude ver que era la garra de un pájaro. Lo extraño es que desde el principio el hombre tenía la mano escondida. Sin saberlo, yo había preparado esa invención: que el hombre tuviera una garra de pájaro y que viera lo terrible del cambio, lo terrible de su desdicha, ya que estaba convirtiéndose en un pájaro".

pia voz, podemos pensar genéricamente este mecanismo como un protocolo de comunicación interna.

Cuando una empresa —para dejar el cerebro por un momento y hablar de otro consorcio— decide lanzar un producto, advierte a los distintos sectores para que puedan coordinar este proceso, a los de marketing, ventas, compras, control de calidad, comunicación, entre otros. Cuando en la empresa falla la comunicación —su copia eferente—, suceden incoherencias. Por ejemplo, el grupo de compras observa que hay menos disponibilidad de un insumo y tiene que hacer conjeturas porque no está advertido del lanzamiento de un nuevo producto. Del mismo modo, frente a la falta de información interna, en el cerebro se producen confabulaciones sobre el escenario más plausible para explicar el estado de las cosas.

LA FISIOLOGÍA DE LA CONCIENCIA

Vivimos en tiempos sin precedentes, en que la usina del pensamiento ha perdido opacidad y es observable en tiempo real. Podemos entonces saltar sin titubeos a la pregunta más *fierrera* o mecánica: ¿cómo es la actividad del cerebro en el momento en que somos conscientes de un proceso determinado?

La manera más directa de abordar esta pregunta es comparar respuestas cerebrales a dos estímulos sensoriales idénticos que, debido a fluctuaciones internas —en la atención, la concentración o el estado de vigilia de los sujetos—, siguen trayectorias subjetivas completamente distintas. En un caso reconocemos conscientemente el estímulo, podemos hablar de él y reportarlo. El otro pasa sin trazo consciente, impacta en los órganos sensoriales y sigue su trayectoria cerebral de algún modo que no resulta en un cambio cualitativo en nuestra experiencia subjetiva. Es decir, no emerge a la conciencia. Se trata de un estímulo inconsciente o subliminal. Pensemos el caso más tangible y común de un estímulo inconsciente, supongamos que nos hablan mientras nos estamos quedando dormidos plácidamente. El relato se desvanece de forma progresiva; no deja de ser sonido que llega a nuestros oídos. ¿Adónde van las palabras que escuchamos en el sueño? "¿Acaso nunca vuelven a ser algo? ¿Acaso se van? ¿Y adónde van?"[3]

Empecemos, entonces, por ver cómo se representa en el cerebro una imagen subliminal. La información sensorial llega, por ejemplo, en forma de luz a la retina, se convierte en actividad eléctrica y química que se propaga a través de axones al tálamo, en el centro mismo del cerebro. Desde ahí, la actividad eléctrica se propaga a la corteza visual primaria, que se encuentra en la parte posterior del cerebro, cerca de la nuca. Así, unos 170 milisegundos después de que un estímulo llega a la retina, se produce una ola de actividad en la corteza visual del cerebro. Esta demora no se debe solo a los tiempos de conducción en el cerebro sino también a la construcción de un estado cerebral que codifica el estímulo. Nuestro cerebro vive, literalmente, en el pasado.

La activación de la corteza visual codifica las propiedades del estímulo: color, luminosidad, movimiento. Tal es así que en el laboratorio se puede reconstruir una imagen a partir de la activación cerebral que esta produce. Lo más sorprendente, esto sucede incluso si la imagen es presentada subliminalmente. Es decir, una imagen queda grabada al menos por un tiempo en el cerebro, aunque esa actividad cerebral no alcance para producir una imagen mental consciente. Con la tecnología adecuada, esta imagen grabada puede ser reconstruida y proyectada. Así hoy podemos ver el inconsciente.

Todo este río de actividad cerebral que sucede en el subterráneo de la conciencia no difiere mucho del que provoca un estímulo

---

[3] "Adónde van", Silvio Rodríguez.

privilegiado, que sí accede al registro y relato de la conciencia. Esto es interesante en sí mismo y constituye la traza cerebral del condicionamiento inconsciente que esbozó Freud. Pero el inconsciente es en términos fenomenológicos y subjetivos muy distinto del consciente. ¿Qué sucede en el cerebro para diferenciar un proceso de otro?

La solución se asemeja mucho a lo que hace que un fuego se propague o un tuit se viralice. Algunos mensajes circulan en un ámbito local, y ciertos incendios quedan confinados a sectores pequeños de un bosque. Pero cada tanto, por circunstancias propias del objeto —el asunto de un tuit o la intensidad del fuego— o de la red —la humedad del suelo o la hora del día en una trama social—, el fuego y un tuit toman por asalto toda la red. Se propagan masivamente en un fenómeno que se amplifica a sí mismo. Se vuelven virales e incontrolables.

En el cerebro, cuando la intensidad de la respuesta neuronal a un estímulo excede cierto umbral, se produce una segunda ola de actividad cerebral, unos 300 milisegundos después de que ocurre el estímulo. Esta segunda ola de actividad ya no está confinada a regiones cerebrales propias de la naturaleza sensorial del estímulo —la corteza visual para una imagen o la corteza auditiva para un sonido— y es exclusiva de los procesos conscientes, como un fuego que se ha extendido a todo el cerebro.

Si se da esta segunda ola masiva que toma por asalto al cerebro de manera casi íntegra, el estímulo es consciente. Si no, no lo es. Esta marca de actividad cerebral conforma una suerte de huella digital de la conciencia que nos permite saber si una persona es consciente o no, acceder a la subjetividad de ese individuo y conocer el contenido de su mente.

Esta ola de actividad cerebral, que se registra solo en los procesos conscientes, es:

1) MASIVA. Un estado de gran actividad cerebral propagada y distribuida a lo largo y ancho del cerebro.

2) SINCRÓNICA Y COHERENTE. El cerebro está constituido por distintos módulos que realizan actividades específicas. Cuando un estímulo accede a la conciencia, todos estos módulos cerebrales se sincronizan.

3) MEDIADA. ¿Cómo logra el cerebro constituir un estado de actividad masiva y coordinada entre módulos que suelen funcionar de manera independiente? ¿Quién hace esa tarea? La respuesta es, otra vez, análoga a las redes sociales. ¿Qué hace que una información se viralice? En las redes existen *hubs* o centros de tránsito que funcionan como grandes propagadores de información. Por ejemplo, si Google prioriza una información particular en una búsqueda, su difusión aumenta.

   En el cerebro hay por lo menos tres estructuras que cumplen ese rol:

   a) La corteza frontal, que actúa como una suerte de torre de control.

   b) La corteza parietal, que tiene la virtud de establecer cambios dinámicos de ruta entre distintos módulos del cerebro, algo así como los desvíos ferroviarios que permiten que un tren pase de una vía a otra.

   c) El tálamo, que está en el centro del cerebro, conectado con todas las cortezas y encargado de comunicarlas entre sí. Cuando el tálamo se inhibe, se disocia fuertemente el tránsito en la red cerebral —como si un día se apagara Google— y los distintos módulos de la corteza cerebral no pueden sincronizarse, haciendo que desaparezca la conciencia.

4) COMPLEJA. La corteza frontal, la corteza parietal y el tálamo permiten que los distintos actores del cerebro actúen de manera coherente. Pero ¿cuán coherente tiene que ser la actividad en el cerebro para que resulte efectiva? Si la actividad fuese completamente desordenada, el tránsito y el flujo de información entre distintos módulos se volvería imposible. La sincronía plena, por otra parte, es un estado en el que se pierden rangos y jerarquías, no se forman módulos ni compartimentos que puedan realizar funciones especializadas. En los estados cerebrales extremos de actividad completamente ordenada o caótica desaparece la conciencia.

Esto significa que la sincronización debe tener un grado intermedio de complejidad y estructura interna. Podemos entenderlo con una analogía con la improvisación musical; si es totalmente desordenada, el resultado es puro ruido; si la música es homogénea y ningún instrumento presenta variaciones respecto de los demás, se pierde toda la riqueza musical. Lo más interesante sucede en un grado de orden intermedio entre estos dos estados, en que hay coherencia entre los distintos instrumentos pero también cierta libertad. Lo mismo sucede con la conciencia.

LEYENDO LA CONCIENCIA

En julio de 2005 una mujer tuvo un accidente de tránsito del que salió en estado de coma. Después de los procedimientos de rutina, incluida una cirugía para reducir la presión cerebral a causa de varias hemorragias, los días pasaron sin signos de recuperación de la conciencia. A partir de ese momento, y durante semanas y meses, la mujer abría los ojos espontáneamente, tenía ciclos de sueño y vigilia y algunos reflejos. Pero no hacía ningún gesto que indicara una respuesta voluntaria. Todas estas observaciones se correspondían con el diagnóstico de estado vegetativo. ¿Era posible que, contra toda la evidencia clínica, la paciente tuviera una vida mental rica, con un paisaje subjetivo similar al de una persona en un estado de plena conciencia? ¿Cómo podríamos saberlo? ¿Cómo indagamos en la película mental de otro cuando no tiene cómo relatarla?

En general, los estados mentales de los otros —felicidad, deseo, aburrimiento, cansancio, nostalgia— se infieren por sus gestos y su relato. El lenguaje permite compartir, de manera más o menos rudimentaria, los estados propios y privados,[4] el amor, el deseo, el dolor, un recuerdo o una imagen exquisita. Pero si uno no puede exteriorizar esta vida mental, como sucede por ejemplo durante el sueño, el encierro se vuelve total. Los pacientes vegetativos no tienen capacidad de exteriorizar su pensamiento y, por lo tanto, no es raro que se presuma su ausencia. El pensamiento está enclaustrado.

Todo esto cambió. Las propiedades de la actividad consciente que enumeramos se vuelven dramáticamente relevantes porque nos permiten decidir de manera objetiva si una persona tiene elementos de conciencia. Funcionan como una herramienta para leer y descifrar los estados mentales ajenos, algo que se vuelve más pertinente cuando es el único recurso, como en el caso de los pacientes vegetativos.[5]

---

[4] ¿Hay algo menos rudimentario que el lenguaje? ¿Cuál es la imagen que vale más que mil palabras?

[5] Nombrar es un arte; a veces, un arte terrible. El término *vegetativo* ya es revelador, presupone un organismo que apenas transcurre en su ciclo de vida sin ser protagonista genuino de sus propios actos. Un metabolismo, la regulación de funciones vitales, algún propósito e incluso alguna respuesta emocional automática, pero nada que esté representado por un agente que decide hacia dónde dirigir su vida mental y corporal.

OBSERVANDO LA IMAGINACIÓN

Unos siete meses después del accidente de tránsito que la dejó en estado vegetativo, a esa mujer le hicieron un estudio de resonancia magnética funcional. La duda no era la estructura sino la función del cerebro. ¿La traza de actividad cerebral podía expresar de forma transparente su pensamiento? Su actividad cerebral, ante la escucha de distintas frases, era comparable con la de cualquier persona sana. Lo más interesante, la respuesta resultaba más pronunciada cuando la frase era ambigua. Esto sugería que el cerebro estaba lidiando con esta ambigüedad, y eso indicaba una forma de pensamiento elaborada. ¿Quizás esta mujer no estaba realmente en un estado vegetativo? Esta observación no alcanzaba para responder esta pregunta tan trascendente. Durante el sueño profundo o la anestesia —donde uno presume que efectivamente una persona está inconsciente—, el cerebro también responde de manera elaborada a frases y sonidos. ¿Cómo se puede examinar con más precisión la signatura de conciencia? Hay que visualizar la imaginación.

Cuando una persona consciente imagina que juega al tenis, se activa principalmente una región conocida como el área motor suplementaria (SMA, por su sigla en inglés). Esta región controla el movimiento muscular.[6] En cambio, cuando alguien imagina que camina por su casa —todos podemos seguir mentalmente el recorrido de una gran cantidad de mapas, líneas de colectivos, casas de abuelas de amigos, ciudades, rutas—, se activa una red que incluye sobre todo el parahipocampo y la corteza parietal.

Las regiones que se activan cuando alguien imagina que juega al tenis o que camina por su casa son muy distintas. Esto podría usarse

---

[6] No debe malinterpretarse este resultado suponiendo que esta es la región del cerebro *del tenis*. No existe tal cosa. Esta región cumple una función de coordinación de la actividad muscular, y se activaría también, por supuesto, al imaginar un baile, un salto o un juego de frontón.

para descifrar el pensamiento de manera rudimentaria pero eficaz. Ya no hace falta preguntarle a alguien si imagina que está jugando al tenis o navegando por su casa. Es posible decodificarlo con precisión al observar su actividad cerebral. Con esta resolución se puede leer la mente del otro, al menos en un código binario: tenis o casa. Esta herramienta se vuelve particularmente relevante cuando no es posible preguntar. O, más bien, cuando el otro no puede responder.

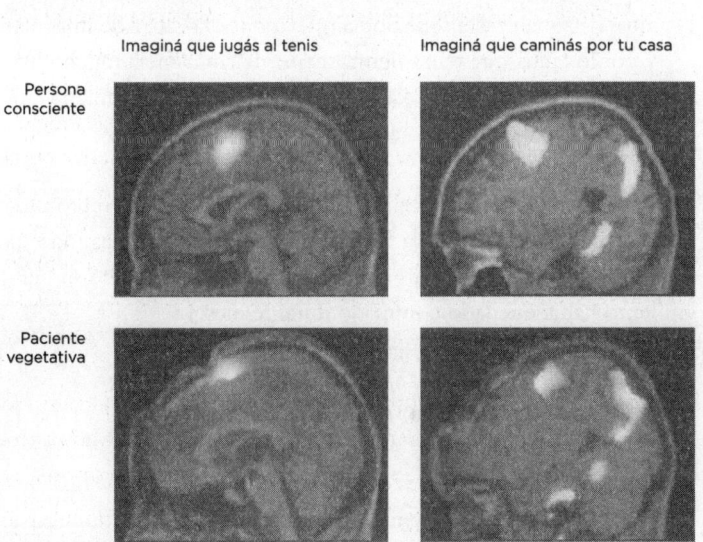

Decodificando estados cerebrales: cómo leer la mente de un paciente vegetativo

La resonancia magnética funcional nos permite leer la mente ajena. Aquí vemos que se forman dos patrones distintos de actividad cerebral cuando alguien imagina que juega al tenis (panel superior izquierdo) se activa principalmente el área motora suplementaria) y cuando imagina que circula por su casa (panel superior derecho) se activan regiones cercanas al hipocampo y la corteza parietal, involucradas en la codificación, la navegación y la memoria del espacio). Al pedirle a una paciente en estado vegetativo que imagine jugar al tenis o caminar por su casa, se reprodujo el mismo patrón. Esto hace suponer que es capaz de entender y también de imaginar lo que se le dice. Estas activaciones se observan en muy pocos pacientes vegetativos pero en esos casos esta tecnología nos permite mejorar nuestra capacidad de entender qué piensa el otro cuando es incapaz de expresarlo.

Esta mujer de 23 años, enclaustrada en un diagnóstico, ¿sería capaz de imaginar? El neurocientífico inglés Adrian Owen y sus colegas contestaron esta pregunta en el resonador en enero de 2006. Le pidieron a la paciente que imaginara jugar al tenis y luego caminar por su casa, luego de nuevo tenis, otra vez caminar y así la hicieron alternar imaginando una cosa y la otra.

La activación cerebral fue indistinguible de la de una persona sana. Razonablemente se podía inferir que era capaz de imaginar y, por lo tanto, que tenía alguna forma de conciencia mucho más significativa que la que habían adivinado hasta ese momento sus médicos mediante la mera observación clínica.

La aventura de observar el pensamiento ajeno en el cerebro mismo marcó, así, un hito en la historia de la humanidad cuando esta mujer logró romper esa gran carcasa de opacidad en la que su pensamiento había quedado confinado durante meses.

SOMBRAS DE LA CONCIENCIA

La demostración del tenis y la navegación espacial tiene una implicancia todavía más trascendente, es una manera de comunicarse. Rudimentaria pero efectiva.

Con esto se puede establecer una suerte de código morse. Cada vez que quieras decir "sí", imaginá que jugás al tenis. Cada vez que quieras decir "no", imaginá que caminás por tu casa. De esta forma, el grupo de Owen pudo comunicarse por primera vez con un paciente vegetativo de veintinueve años. Cuando le preguntaron si el nombre del padre era Alexander, se activó el área motor suplementaria, que indica la imaginación de tenis y que significa, en este código, un "sí". Luego le preguntaron al paciente si el padre se llamaba Tomás y se activó el parahipocampo, que indica la navegación espacial y que en este código representa un "no". Le hicieron cinco preguntas, que respondió correctamente con este método. Pero no respondió la sexta.

Los investigadores argumentaron que pudo no haberla escuchado o que quizá se quedó dormido. Esto, claro, es muy difícil de determinar en un paciente vegetativo. El resultado muestra, a la vez, el infinito potencial de esta ventana para conectarse con un mundo antes inaccesible y también cierto escepticismo.

Esta última aclaración, a mi entender, resulta pertinente y necesaria para advertir sobre un teléfono descompuesto en la comunicación de la ciencia, que distorsiona la realidad. Las huellas de comunicación de los pacientes vegetativos son promisorias pero todavía muy rudimentarias. Es probable que la limitación actual pueda reducirse a un asunto de tecnología, pero es engañoso creer —o hacer creer— que estas medidas indican una conciencia parecida en forma y contenido a la de una vida normal. Quizá se trate de un estado mucho más confuso y desordenado. Una mente desagregada, fragmentada, ¿cómo saberlo?

Con Tristán Bekinschtein, amigo y compañero de andanzas, nos lanzamos a esta gesta. Nuestro abordaje fue en algún sentido minimalista, pues buscamos identificar el comportamiento mínimo para el cual es estrictamente necesaria la conciencia. Y encontramos la solución en un experimento que había hecho Larry Squire, el gran neurobiólogo de la memoria, adaptando un experimento clásico de Pavlov.

■ El experimento funciona de esta forma. Mientras una persona observa una película —de Charlie Chaplin— escucha una secuencia de tonos: *bip bup bip bip bup*... Uno es agudo y otro, grave. Un segundo después de cada vez que suena el tono grave[7] recibe un leve pero ligeramente molesto chorro de aire en un párpado.

Cerca de la mitad de las personas participantes tomó conciencia de esta estructura, el tono agudo seguido del soplido y el tono grave. La otra mitad no aprendió la relación; no descubrió las reglas del juego. Apenas describió los tonos y el soplido molesto pero no percibió ninguna relación entre ellos. Solo aquellos que describieron conscientemente las reglas del juego adquirieron el reflejo natural de cerrar el párpado luego del tono agudo, anticipando el soplido para atenuar su efecto.

El resultado de Squire parece inocente pero es muy potente. Este procedimiento extremadamente sencillo establece una prueba mínima —un test de Turing— para la existencia de conciencia. Es el puente perfecto entre aquello que queríamos saber —qué pacientes vegetativos tienen conciencia— y aquello que podíamos medir —si se mueven los párpados o no, algo que los pacientes vegetativos pueden hacer—, y con Tristán construimos ese puente para medir la conciencia en pacientes vegetativos.

Recuerdo como uno de los pocos momentos de la carrera científica en que sentí el vértigo del descubrimiento cuando con Tristán, en París, vimos a un paciente que aprendía tanto como las personas que tenían plena conciencia. Luego, repitiendo laboriosamente este procedimiento, encontramos que solo tres de los treinta y cinco pacientes que habíamos examinado mostraban una forma residual de la conciencia.

▪ Nos llevó muchos años afinar el proceso para empezar a explorar más en detalle cómo se ve la realidad desde la perspectiva de

---

[7] El *bup*, por supuesto, sino Bouba no sería quien es.

un paciente vegetativo que tiene trazas de conciencia. Para eso adaptamos el experimento de tonos y soplidos a una versión algo más sofisticada. Esta vez, había que descubrir que distintas palabras de una misma categoría semántica predecían un soplido. Para aprender esta relación no bastaba tener conciencia; además había que dirigir la atención a las palabras. Es decir, el distraído o el que atendía otro juego aprendía de una manera mucho más rudimentaria.

Así pudimos preguntarnos sobre el foco de la atención en los pacientes vegetativos y encontramos su forma de aprendizaje se asemeja mucho a la de las personas distraídas. Quizás esa sea una mejor metáfora para el funcionamiento de la mente de algunos pacientes vegetativos con signos de conciencia: formas de pensamiento más volátiles, un estado mucho más fluctuante, menos atento y más desordenado.

La conciencia tiene muchas huellas. Estas pueden combinarse naturalmente para determinar si una persona tiene conciencia, pero el argumento a favor o en contra de la conciencia de un paciente no puede ser definitivo ni estar libre de error. Si la actividad frontal y talámica es normal, si la actividad cerebral tiene un rango de coherencia intermedia, si frente a ciertos estímulos genera actividad sincrónica y luego de unos 300 milisegundos produce una ola de actividad cerebral masiva y si, además, muestra una traza de imaginación dirigida y formas de aprendizaje para las cuales es necesaria la conciencia... Si se dan todas esas condiciones simultáneamente, entonces es muy plausible que esa persona tenga conciencia. Si solo se dan algunas de ellas, la certeza sobre la conciencia es menor. Todas estas herramientas constituyen, en definitiva, las mejores medidas para generar un diagnóstico posible de actividad consciente.

El diagnóstico generado con toda la batería de herramientas al unísono resulta bastante preciso. Sin poder hablar con los pacientes, solo observando su actividad cerebral, hoy es posible dar una respuesta sobre su conciencia con una precisión cercana al ochenta por ciento.

¿LOS BEBÉS TIENEN CONCIENCIA?

La indagación en el pensamiento ajeno también es una ventana al misterioso universo del pensamiento de los recién nacidos. ¿Cómo se desarrolla la conciencia antes de que un chico pueda expresarla en gestos y palabras concisas?[8]

Los recién nacidos tienen una organización del pensamiento mucho más sofisticada y abstracta que lo que intuimos y son capaces de formar conceptos numéricos o morales, como vimos. Pero estas formas de pensamiento pueden ser inconscientes y no nos dicen mucho acerca del registro subjetivo de la experiencia durante el desarrollo. ¿Tienen los bebés conciencia de lo que les pasa, de sus recuerdos, sus seres queridos o sus tristezas? ¿O acaso son meras expresiones de reflejos y de un pensamiento inconsciente?

Este es un terreno extremadamente novedoso en la investigación. Y fue mi amiga y colega de muchos años, Ghislaine Dehaene-Lambertz, quien tiró la primera piedra. La estrategia es sencilla, se trata de observar si la actividad cerebral de los bebés tiene las signaturas cerebrales que indican un pensamiento consciente en adultos. El truco es muy similar al del experimento para entender cómo se bifurca en el cerebro adulto un proceso consciente y uno inconsciente.

A los cinco meses, la primera fase de respuesta cerebral está prácticamente consolidada. Esta fase codifica un estímulo visual, indepen-

---

[8] La etimología de infante —del prefijo *in* y *fari*, hablar— es precisamente eso, que no habla.

dientemente de que acceda a la conciencia. A esta altura, la corteza visual ya es, por supuesto, capaz de reconocer caras y lo hace en tiempos y formas similares a los de un adulto.

La segunda ola —exclusiva de la percepción consciente— cambia durante el desarrollo. Al año de vida ya está prácticamente consolidada y presenta formas muy similares a las de un adulto pero, con una salvedad reveladora, es mucho más tardía. En vez de consolidarse a los 300 milisegundos, se da casi un segundo después de ver una cara, como si la película consciente de los bebés tuviese una demora de un segundo, como cuando vemos un partido con una transmisión con retraso y escuchamos el grito del gol de nuestros vecinos un tiempo antes de verlo.

Esta demora en la repuesta se exagera de manera mucho más drástica en los bebés de cinco meses de vida. Ahí, mucho antes del desarrollo de la palabra, antes de empezar a gatear, cuando apenas logran sentarse, los bebés ya tienen una actividad cerebral que denota una respuesta abrupta y extendida a lo largo del cerebro, que persiste luego de que el estímulo desaparece.

Es el mejor registro que tenemos para suponer que tienen conciencia del mundo visual. Seguramente menos anclada a íconos precisos, probablemente más confusa, más lenta y vacilante, pero conciencia al fin. O eso, por lo menos, nos cuenta su cerebro.

Esta es la primera aproximación en la historia de la ciencia para navegar en un territorio que antes era completamente ignoto, el pensamiento subjetivo de los bebés. No lo que son capaces de hacer, responder, observar o recordar, sino algo mucho más privado y opaco, aquello que son capaces de percibir desde su conciencia.

Decidir el estado de conciencia de un bebé o de una persona en estado vegetativo ya no es una mera deliberación de intuiciones. Hoy tenemos herramientas que nos permiten entrar en vivo y en directo al sustrato material del pensamiento. Esas herramientas nos sirven para romper una de las barreras más herméticas y opacas de la soledad.

Hoy conocemos muy poco acerca del sustrato material de la conciencia, como antaño sucedía con la física del calor. Pero acaso lo más notable es que pese a tanta ignorancia hoy podemos manipular la conciencia, apagarla, encenderla, leerla y reconocerla.

CAPÍTULO 4

Los viajes de la conciencia

¿Qué sucede en el cerebro durante los sueños;
acaso podemos descifrarlos, controlarlos y manipularlos?

ESTADOS ALTERADOS DE LA CONCIENCIA

Los dos están acostados. Él relata con voz grave y monótona la historia que ya le contó mil veces. Empuja el aire que hace vibrar sus cuerdas vocales, y el sonido se modula en la lengua, los labios y el paladar. En menos de una milésima de segundo, esa ola de presión sonora rebota en el oído de su hija. El sonido vuelve a convertirse en movimiento en el tímpano de ella, que escucha. El movimiento en el oído activa unos receptores mecánicos en la punta de las células ciliares, una magnífica pieza de maquinaria biológica que convierte las vibraciones del aire en impulsos eléctricos. A cada vaivén de estas células se abren unos canales microscópicos en sus membranas por donde se cuelan iones que generan una corriente que se propaga a lo largo y ancho de la corteza auditiva, y esta actividad neuronal reconstruye las palabras que ella, como siempre, repite en voz baja. Las mismas palabras, que suenan en la voz grave, monótona, atenta y de inflexiones delicadas de su padre, ahora viven en el relato que ella construye en su mente cuando escucha el cuento que ya escuchó mil veces.

Ahora ella respira más profundo, un bostezo, un breve temblor del cuerpo, y duerme. Él no interrumpe el relato, no cambia el ritmo ni el volumen ni la prosodia. El sonido se propaga como antes e impacta en el tímpano de su hija, desplaza las células ciliares y la corriente de iones activa las neuronas de la corteza auditiva. Todo es igual, pero ella ya no construye un relato. Ya no repite las palabras en voz baja. ¿O sí? ¿Adónde van las palabras que escuchamos en el sueño?

■ A esta pregunta se lanzó Tristán Beckinschtein. Hizo para ello un juego sencillo, aburrido y rutinario, ideal para quedarse dormido. Un recitado de palabras. Un juego de infancia. No es la imagen que tenemos de un experimento típico de laboratorio; al contrario, sucede en una cama donde alguien escucha una voz repetitiva y somnífera: *elefante, silla, mesa, ardilla, avestruz...* Cada vez que se escucha el nombre de un animal, esa persona debe mover su mano derecha; si es un mueble, la izquierda. Es fácil e hipnótico. Al rato las respuestas se vuelven intermitentes. A veces son extremadamente lentas y finalmente desaparecen. La respiración es más profunda y el electroencefalograma muestra un estado sincrónico. Es decir, el que escucha el recitado ya duerme. Las palabras siguen, como si el relato tuviese inercia, como en el cuento del padre que presume que su hija escucha desde el sueño.

Así, observando la marca de las voces en las transiciones de sueño, Tristán descubrió que en el cerebro del durmiente estas voces se hacen palabras, y estas palabras adquieren significado. Es más, el cerebro sigue jugando el mismo juego; la región cerebral que controla la mano derecha se activa cada vez que se menciona un animal, y la región que controla la mano izquierda lo hace cada vez que se trata de un mueble, tal como dictaban las reglas del juego establecidas en la vigilia.

La conciencia tiene un interruptor. En el sueño, en el estado de coma o bajo anestesia, el interruptor cambia de estado, y la conciencia se apaga. En algunos casos, el apagado es drástico, y la conciencia se esfuma sin medias tintas. En otros, como en la transición hacia el sueño, la conciencia se desvanece poco a poco, de manera intermitente. Con el interruptor encendido, la actividad cerebral asociada con los estados de conciencia asume distintas formas; vimos, por ejemplo, que la conciencia de los más chicos opera en otra temporalidad y que la de los esquizofrénicos no tiene la capacidad de identificar las voces propias, generando una distorsión del relato.

ELEFANTES NOCTURNOS

Podemos pensar el sueño como un terreno propicio para una simulación mental en la que el cuerpo no se expone. Esa desconexión entre la mente y el cuerpo es literal; durante el sueño hay una inhibición de las neuronas motoras por las que el cerebro controla y gobierna los músculos, generando una química cerebral muy distinta de la de la vigilia.

Normalmente hay una sincronía entre el regreso al estado de vigilia —que se caracteriza por el pensamiento organizado y consciente de la experiencia— y el contacto con el cuerpo. Pero a veces esos dos procesos se desfasan y nos despertamos sin haber retomado el contacto químico con nuestro cuerpo. Esto se llama parálisis del sueño y lo experimenta entre el 10 y el 20 por ciento de las personas. Esta experiencia puede ser desesperante porque se vive una parálisis completa en plena lucidez. Luego de unos minutos se resuelve sola, y el cerebro toma nuevamente contacto con el cuerpo. También puede suceder lo opuesto, que durante el sueño el cerebro no se desconecte del músculo, con lo que el soñador actúa su sueño.[1]

---

[1] En algunos casos —que afortunadamente son muy raros—, esta conexión con el cuerpo durante el sueño puede ser muy grave. Un ejemplo dramático es el del galés Brian Thomas, un devoto y buen samaritano que, en medio de una pesadilla en la que

¿Qué hace el cerebro durante el sueño? Lo primero que deberíamos saber es que durante el sueño el cerebro no se apaga. En realidad, el cerebro no se detiene nunca; cuando se apaga, se acaba la vida. Cuando dormimos, al contrario, el cerebro presenta una actividad sostenida, tanto durante el sueño REM —sigla en inglés de *movimientos oculares rápidos*—, que corresponde a soñar,[2] como durante el sueño de onda lenta, dormir profundo sin relato onírico.

El mito de que el cerebro se apaga de noche viene junto con la idea de que el sueño es tiempo perdido. Reconocemos los méritos de la vida propia y ajena a través de los logros que suceden en la vigilia —los trabajos y los días, los amigos, las relaciones—, pero no hay méritos en ser un buen soñador.[3] Esta apreciación por la vigilia es simplemente un rasgo de algunas culturas, entre ellas la occidental. En otras sociedades el sueño tiene un lugar mucho más primordial. En su versión más exagerada, se trata, como en el personaje de las ruinas circulares de Borges, de consagrar la vigilia, el tiempo y el cuerpo *a la única tarea de dormir y soñar*.

El sueño es un estado reparador, durante el cual se ejecuta un programa de limpieza que elimina deshechos y residuos biológicos del metabolismo cerebral. En el cerebro, durante la noche, se recoge la basura. Este descubrimiento biológico relativamente reciente se corresponde con una idea común e intuitiva, el sueño es funcional a la vigilia y sin él, además de cansarnos, nos enfermamos.

Más allá de este rol reparador, durante el sueño también se ponen en marcha aspectos clave del aparato cognitivo. Por ejemplo, durante una de las primeras fases del sueño —de onda lenta— se

---

creía estar luchando contra un ladrón, estranguló a su esposa hasta la muerte. Al despertar, devastado y sin entender lo que había hecho, llamó a la policía para contarles que había asesinado a su compañera de vida durante cuarenta años.

[2] El sueño, tener sueño, tener un sueño, soñar. Una misma palabra que refiere la esperanza, la fantasía, el iluso, el que sueña y el que duerme.

[3] Méritos que podrían ser debidamente compilados en un *curriculum somnii*.

consolida la memoria. Así, después de algunas horas de sueño e incluso de una breve siesta, recordamos mejor lo aprendido durante el día. Y esto no se debe solo al reposo. Por el contrario, se debe en gran medida a un proceso activo que sucede durante el sueño. De hecho, con la lupa más fina de experimentos en la escala celular y molecular, sabemos que durante esta fase del sueño se refuerzan conexiones específicas entre neuronas en el hipocampo y la corteza cerebral que conforman y estabilizan la memoria. Estos cambios se originan durante la experiencia diurna y se consolidan durante el sueño. Tan preciso es este mecanismo que puede recapitular de manera exacta, durante el sueño, algunos de los patrones neuronales que se activaron durante el día. Se trata de una versión fisiológica contemporánea de una de las principales ideas de Freud acerca del sueño, el residuo del día. Los que abogan a favor de las siestas pueden argumentar, además, que no hace falta un sueño largo y nocturno para que esto suceda. Las siestas cortas también son funcionales a la consolidación de la memoria.

Durante el sueño de onda lenta la actividad cerebral aumenta y disminuye, formando ciclos que se repiten con un período de poco más de un segundo. Es decir, los pulsos de actividad cerebral oscilan en un ritmo claro, lento y definido. Cuanto más pronunciada es esta onda oscilatoria de actividad, la consolidación de la memoria se vuelve más efectiva. ¿Se puede inducir esta oscilación desde afuera del cerebro del que duerme y así mejorar su memoria?

▪ El ritmo de actividad cerebral en el sueño de una persona puede medirse con un electroencefalograma. Luego se puede potenciar la actividad neuronal del que duerme haciéndole escuchar sonidos sincronizados al ritmo de su cerebro.

Este experimento, implementado por el neurocientífico alemán Jan Born, empezaba durante el día con una lista de palabras nuevas que tenían que ser recordadas. Born descubrió que las personas que luego, durante la noche, escuchaban tonos sincronizados con el ritmo de su propia actividad cerebral recordaban al día siguiente muchas más palabras que aquellas que no eran estimuladas o que habían sido estimuladas pero de manera asincrónica.

Es decir, podemos mejorar la memoria de lo que se empezó a aprender durante la vigilia manipulando de manera relativamente sencilla un mecanismo cerebral que consolida el aprendizaje durante el sueño. Sin embargo, la fantasía de ponernos auriculares a la noche y amanecer hablando un nuevo idioma, que nunca hemos practicado durante la vigilia, sigue siendo eso, una fantasía.[4]

LA CONFABULACIÓN DEL URÓBORO

El primer rol cognitivo del sueño es entonces la consolidación de la memoria durante una fase conocida como de onda lenta, en que la actividad cerebral es monótona y repetitiva. Pero este registro no caracteriza la actividad cerebral durante todo el sueño. En la fase REM, la actividad cerebral es mucho más compleja y se asemeja a la del estado de vigilia. De hecho, durante el período REM, la actividad del durmiente se vuelve consciente en forma de sueño.

Quien despierta en medio del ciclo REM tiene casi siempre un recuerdo vívido del contenido del sueño. Esto en cambio no sucede cuando despertamos en otras fases del sueño. Desde el punto de vista de nuestra experiencia subjetiva, la conciencia durante el sueño se parece a la de la vigilia. El relato es más desordenado pero no más inverosímil, podemos volar, hablar con personas que ya no están vivas, atravesar un jardín de locomotoras semienterradas e incluso respetar

---

[4] *Désolé.*

las normas de tránsito. Las imágenes del sueño son vívidas e intensas. Pero hay algo extraño, perdemos la noción de que somos autores del relato de nuestro sueño. De hecho, quizás este sea su aspecto más confuso. Vivimos lo que soñamos como si fuera una descripción genuina de la realidad y no como un invento de la imaginación.

La principal diferencia entre la conciencia del sueño y la de la vigilia es el control. Durante el sueño, como en la esquizofrenia, no detectamos que somos los autores de ese mundo virtual. La naturaleza bizarra del sueño no alcanza para que el cerebro lo reconozca como lo que es, una alucinación.

Así como el sueño de onda lenta es un estado en el cual se repite la activad neuronal de la vigilia, durante el sueño REM en cambio se generan patrones neuronales más variables y con capacidad de recombinar circuitos neuronales preexistentes. ¿Acaso esto es una metáfora de lo que sucede en el plano cognitivo? ¿Es el sueño REM el estado propicio para crear nuevas ideas y conectar elementos del pensamiento que durante la vigilia estaban desconectados? ¿Es el sueño la usina del pensamiento creativo?

La historia de la cultura humana está llena de fábulas y relatos de ideas revolucionaria gestadas en sueños. Una de las más famosas es la de August Kekulé, el descubridor de la estructura del benceno, un anillo de seis átomos de carbono. Durante una celebración de este gran hito de la historia de la química, Kekulé reveló la trama secreta del descubrimiento. Luego de fracasar miserablemente durante años, la solución final se le apareció soñando un uróboro, una serpiente que se muerde su propia cola formando un anillo. Algo parecido le pasó a Paul McCartney, quien amaneció en su cuarto de Wimpole Street con la melodía de "Yesterday" en la cabeza. Durante días, McCartney buscó entre disquerías y amigos una pista sobre el origen de la melodía porque suponía que la ensoñación venía de algo que ya había escuchado.

Ya anticipamos el problema de estas anécdotas; el relato consciente está teñido de fábulas. Lo mismo vale para la memoria y el recuerdo, pues una persona puede recordar con plena convicción un episodio que nunca ocurrió. Más extraordinario todavía es que sea factible implantar un recuerdo y que el implantado lo tome como auténtico. Además, apelar a la creatividad durante el sueño puede ser un truco y una trampa.

Quizá con esa intuición en mente, el químico John Wotiz reconstruyó meticulosamente la historia del descubrimiento de la estructura del benceno. Así encontró que el químico francés Auguste Laurent, diez años antes del *sueño de Kekulé*, ya había explicado que el benceno era un anillo de átomos de carbono. La tesis de Wotiz es que la invocación del sueño fue parte de la estrategia de Kekulé para ocultar un robo. Lo que Paul McCartney temía honestamente —que su sueño hubiera sido la expresión de información recopilada durante la vigilia— fue lo que Kekulé manipuló de manera deliberada.

Más allá del intríngulis policial, nos interesa saber si el pensamiento creativo proviene del sueño de una manera que no esté contaminada por los artefactos inevitables de las fábulas y las anécdotas. Y por esto fue nuestro héroe del sueño, Jan Born.

La clave fue encontrar una manera objetiva y precisa de medir la creatividad. Para lograrlo, Born propuso a un grupo de participantes un problema que podía resolverse de una manera lenta pero efectiva o de una original y sencilla, cambiando la perspectiva del planteo. La gente lidiaba con ese problema durante un rato largo. Luego, algunos durmieron y otros descansaron. Más tarde, todos volvieron a resolver problemas. Y el resultado, sencillo pero contundente, fue que después de dormir la solución creativa aparecía con muchísima mayor probabilidad.

Es decir que hay una parte del proceso creativo que se expresa durante el sueño. Es robusto, sucede en la mayoría de nosotros y nos permite resolver problemas sofisticados de forma mucho más efectiva.

El experimento de Jan Born nos enseña que el sueño es un elemento del proceso creativo pero no el único. Pese a cierto desprestigio actual del conocimiento fáctico y del oficio, el lado ordenado de la creatividad también es importante. El sueño —como otras formas de pensamiento desordenado— puede ayudar en el proceso de inducción de una idea original, pero solo sobre la base firme de un gran conocimiento de aquello en lo que se pretende ser creativo. Ahí está el caso de McCartney, que había consolidado el material sobre el que pudo luego improvisar en sueños. Lo mismo vale en el experimento de Born. La noche es el espacio de un proceso creativo solo después de una vigilia de trabajo arduo y metódico en que se cimentan las bases para la creatividad durante el sueño.[5]

Así es cómo, en resumen, la usina del pensamiento trabaja a pleno en el turno noche. El sueño es un estado muy rico y heterogéneo de actividad mental que nos permite entender cómo funciona la conciencia. Hay una primera fase en la que la conciencia se desvanece, pero no de cualquier modo sino hacia un lugar de gran sincronización que activa un proceso de consolidación de la memoria. Luego hay una segunda fase que se asemeja fisiológicamente al estado de la vigilia pero genera un patrón de actividad cerebral más desordenado. Durante este proceso se expresa un ingrediente del pensamiento creativo para poder gestar nuevas combinaciones y posibilidades. Todo esto, además, viene acompañado de un relato onírico en el cual pueden convivir el terror, el erotismo y la confusión. El sueño en estado pleno. Pero ¿soñamos realmente durante el sueño? ¿O es solo una de las tantas ilusiones de nuestro cerebro?

[5] *A Hard Day's Night.*

DESCIFRANDO SUEÑOS

Todos despertamos alguna vez creyendo que dormimos apenas unos segundos cuando en realidad pasaron horas. Y al revés, unos segundos de sueño a veces nos parecen una eternidad. Durante el sueño, el tiempo fluye de manera extraña. Quizás esta distorsión no suceda solo con el tiempo. Es posible de hecho que el sueño mismo sea *solo* la ilusión de un relato construido al despertar.

Hoy podemos resolver este misterio, observando trazas del pensamiento en el cerebro y en tiempo real. Así como se puede indagar en los pacientes vegetativos, los bebés o el procesamiento subliminal a partir de la actividad cerebral, podemos utilizar herramientas similares para descifrar nuestro pensamiento durante el sueño.

Una manera de decodificar el pensamiento a partir de la actividad cerebral es dividir la corteza visual en una grilla, como si cada celda fuese un pixel en el sensor de una cámara digital. A partir de esto se puede reconstruir lo que está en la mente en forma de imágenes o videos. Utilizando esta técnica, Jack Gallant pudo reconstruir una película con una nitidez llamativa, observando *solo* la actividad cerebral del que mira la película.

Esto le permitió al científico japonés Yukiyasu Kamitani crear una suerte de planetario onírico. Su equipo reconstruyó la trama de los sueños a partir de la actividad cerebral de gente soñando. Una vez despiertos, comprobaron que las conjeturas que habían hecho a partir de esos patrones de actividad cerebral coincidían con lo que los participantes decían haber soñado.

Eran relatos del tipo: "Soñé que estaba en una panadería. Agarré un pan y me fui a la calle donde había una persona sacando una foto"; "Vi una gran estatua de bronce en una pequeña colina. Abajo había casas, calles y árboles". Cada uno de estos fragmentos del sueño pudo decodificarse a partir de la actividad cerebral.

En esa demostración se decodificó el esqueleto conceptual del sueño pero no sus cualidades plásticas, sus contrastes y sus brillos. Estos elementos visuales del sueño están, por ahora, en la cocina experimental.

SUEÑOS DIURNOS

Durante el sueño, el cerebro no se apaga sino que está en un estado de gran actividad, cumpliendo funciones vitales para el buen funcionamiento del aparato cognitivo. Pero también cuando trabajamos, manejamos, hablamos con alguien o leemos, el cerebro suele desanclarse de la realidad y crea sus propios pensamientos. Muchos pasamos la mayor parte del día hablando con nosotros mismos. Es el sueño diurno, la expresión de un estado parecido al sueño en forma y contenido pero en plena vigilia.

El sueño diurno tiene un correlato neuronal muy claro. Mientras estamos despiertos, el cerebro se organiza en dos redes funcionales que en cierta medida se alternan. La primera ya la conocemos, incluye la corteza frontal —que funciona como la torre de control—, la corteza parietal —que establece y concatena rutinas, controla el espacio, el cuerpo y la atención— y el tálamo —que funciona como un centro de distribución del tránsito—. Estos nodos son el núcleo de un modo de funcionamiento cerebral activo, concentrado, enfocado en una tarea particular.

Cuando el sueño invade la vigilia, esta red frontoparietal se desactiva y toma el comando otro grupo de estructuras cerebrales cerca del plano que separa los dos hemisferios. Esta red incluye el lóbulo temporal medial, una estructura vinculada con la memoria, que puede ser el combustible para los sueños diurnos. Y también el cingulado posterior, que tiene una gran conectividad con otras regiones del cerebro y coordina el sueño diurno tal como lo hace la corteza prefrontal cuando el foco está en el mundo externo. Este conjunto se llama red cerebral *default*, un nombre que refleja cómo fue descubierta.

Cuando se hizo posible explorar en vivo y en directo el funcionamiento del cerebro humano con un resonador, los primeros estudios comparaban la actividad cerebral mientras alguien hacia algo —un cálculo mental, jugar al ajedrez, recordar palabras, hablar, emocionarse— con la de otro estado en que se *no se hacía nada*. A mediados de los años noventa, Marcus Raichle descubrió que cuando una persona realiza cualquiera de estas tareas se activan regiones pero también se desactivan otras. Con una salvedad importante, mientras las regiones cerebrales que se activan cambian según lo que la persona hace, las que se desactivan son siempre las mismas. Raichle entendió que esto reflejaba dos principios importantes: 1) no existe un estado en que nuestro cerebro *no hace nada*, y 2) el estado en que el pensamiento deambula a su propia voluntad está coordinado por una red precisa, a la que denominó "red *default*".

La estructura de la red *default* del cerebro es casi diametralmente opuesta a la de control ejecutivo, reflejando cierta antonimia entre esos dos sistemas. El cerebro despierto permanentemente alterna entre un estado con el foco puesto en el mundo externo y otro donde gobiernan los sueños diurnos.

Acaso los sueños diurnos solo sean tiempo perdido, una especie de distracción cerebral. O tal vez, como los sueños nocturnos, tengan una buena razón de ser en el armado de nuestra forma de pensar, descubrir o recordar.[6]

Un territorio fértil para estudiar los sueños diurnos es la lectura. A todos nos ha pasado descubrir —como una revelación, como un amanecer— que no tenemos la más pálida idea de lo que leímos en

[6] Luis Buñuel tenía partido tomado: "Soñar despierto es tan impredecible, importante y poderoso como hacerlo dormido".

las últimas tres páginas. Estuvimos divagando en una historia paralela que hizo a un lado el contenido de la lectura.

Un registro cuidadoso de los movimientos oculares muestra que durante el sueño diurno seguimos barriendo palabra por palabra, deteniéndonos más tiempo en las palabras más largas, gestos típicos de la lectura atenta y concentrada. Pero a la vez, durante el sueño diurno la actividad de la corteza prefrontal disminuye y se activa el sistema *default*, lo que hace que la información del texto que leemos no acceda a los jardines privilegiados de la conciencia. Por eso volvemos atrás con la sensación de que tendremos que leer íntegramente el tramo perdido, otra vez, como si fuese la primera lectura. Pero no es así. Esta nueva lectura se nutre de la anterior entre sueños.

Sucede que durante el sueño diurno leemos con un foco distinto, con un gran angular que permite ignorar pequeños detalles y observar el texto desde lejos. Hacemos foco en el bosque y no en el árbol. Por eso, quienes sueñan durante la lectura y luego vuelven al texto lo comprenden de manera mucho más profunda que quienes solo *barren* el texto de manera concentrada. Es decir, el sueño diurno no es el tan anhelado tiempo perdido de Marcel Proust.

Sin embargo, hay razones para creer que el sueño diurno tiene un costo (que nada tiene que ver con el tiempo que nos insume). Los sueños fácilmente devienen en pesadillas, las alucinaciones derivan en *malos viajes* y los amigos imaginarios en monstruos, sapitos de la noche, brujas y fantasmas. Casi todas las situaciones en que la mente divaga y se desancla de la realidad degeneran con facilidad en estados de sufrimiento. Esta es una observación para la que no tengo y para la que no creo que haya, todavía, una buena explicación. Me limito a compartir una hipótesis propia; el sistema ejecutivo, que controla el flujo natural y espontáneo del pensamiento, se desarrolla —en la historia evolutiva, de la cultura y de cada uno de nosotros— para evitar que este flujo degenere en estados de mucho sufrimiento.

El psicólogo estadounidense Dan Gilbert materializó esta idea con una aplicación para teléfonos celulares que cada tanto les pregunta a los usuarios: "¿Qué estás haciendo?"; "¿En qué estás pensando?"; "¿Cómo te sentís?". Las respuestas se multiplican entre las personas a lo largo y ancho del mundo para lograr una suerte de cronología y demografía de la felicidad. En general, los estados de máxima felicidad se corresponden con tener sexo, hablar con amigos, el deporte, el juego y escuchar música, en ese orden. Los de menos felicidad son el trabajo, estar en el hogar con la computadora o en tránsito por la ciudad (en subte y colectivo).

Obviamente, estos son promedios y no implican de ninguna manera que trabajar sea para todos un estado de infelicidad. También, naturalmente, estos resultados dependen de idiosincrasias sociales y culturales. Pero lo más interesante de este experimento social es cómo cambia la felicidad de acuerdo con lo que estemos pensando. Durante un sueño diurno, casi todos nos sentimos peor que cuando la mente no vaga libremente. Esto no quiere decir que no debamos tener sueños diurnos sino que simplemente debemos comprender que suponen —como tantos otros viajes— una complicada mezcla de descubrimientos y vaivenes emocionales.

SUEÑO LÚCIDO

El sueño de la noche también suele recorrer espacios dolorosos e incómodos. A diferencia de la imaginación, el sueño va *a donde él quiere*, sin un gobierno. La otra gran diferencia entre el sueño y la imaginación es su intensidad pictórica. De un sueño vívido, intenso y colorido apenas podemos reconstruir sus ruinas.

El sueño y la imaginación se distinguen entonces por su grado de vividez y control. El sueño no tiene control pero es vívido. Al contrario, la imaginación es controlable pero mucho menos vívida.

El sueño lúcido es una combinación de ambos, tiene la vividez y el realismo del sueño y, además, el control de la imaginación; es decir, un estado en el que somos el director y el guionista de nuestro propio sueño. Puestos a elegir entre todas las opciones, la mayoría de los soñadores lúcidos elige volar, quizás expresando una frustración ancestral de nuestra especie.

Hay tres cualidades que permiten reconocer el sueño lúcido: el soñador entiende que está soñando, controla lo que sueña y puede disociar el objeto y el sujeto del sueño, como si se observara en tercera persona. Y, el sueño lúcido también tiene una signatura cerebral propia. El electroencefalograma durante el sueño REM es similar al de la vigilia, pero con una diferencia importante, disminuye la actividad de alta frecuencia en la corteza frontal. Justamente, esta actividad de alta frecuencia es imperativa para el control del sueño lúcido. De hecho, cuanto más lúcido es el sueño, mayor es la actividad de alta frecuencia en la corteza prefrontal. Incluso podemos dar vuelta el argumento. Si se estimula el cerebro de un soñador normal en alta frecuencia, su sueño se volverá lúcido. El soñador se disociará de su sueño, empezará a controlarlo a voluntad y entenderá que es solo un sueño.

El futuro en que gobernemos nuestros sueños no es tan lejano. Ni siquiera hace falta tanta fanfarria tecnológica. Hace tiempo se sabe que la capacidad de tener sueños lúcidos se entrena y que, con trabajo, casi cualquier persona puede construirlos. Una manera de acercarse a ellos es a través de las pesadillas, durante las cuales sentimos una necesidad natural de controlarlas. La capacidad que muchas personas tienen de manejar el curso de sus pesadillas —incluyendo el control ejecutivo para despertarse— es un preludio del sueño lúcido. Y, al revés, entrenar el sueño lúcido es una manera de mejorar la calidad del sueño. Por eso, otro de sus rasgos distintivos es una densidad más alta de emociones positivas.

Como parte del proceso de entrenamiento, los soñadores lúcidos utilizan un mundo de la vigilia que funciona como ancla y les permite saber que están en el sueño, y que *del otro lado* está la realidad de la vigilia. Es una especie de referencia de orientación para entender dónde están. Como Teseo, Hansel o Pulgarcito, o como Leonardo di Caprio en *Inception*, el soñador lúcido deja algún rastro en la vigilia que le servirá como faro cuando el camino del sueño se haga demasiado sinuoso.

El sueño lúcido es un estado mental apasionante porque combina lo mejor de los dos mundos, la intensidad pictórica y creativa del sueño con el control de la vigilia. Y también es una mina de oro para la ciencia. El Premio Nobel Gerald Edelman, uno de los grandes pensadores del cerebro, divide[7] la conciencia en dos estados. Uno primario, que constituye un relato vívido del presente, con acceso muy restringido al pasado y al futuro. Es la conciencia *Truman Show* del espectador pasivo, que ve en vivo y en directo la trama de su realidad. Esta es, según Edelman, la conciencia de muchos animales y también la del sueño REM. Una conciencia sin un piloto. Una segunda forma de conciencia, más rica y quizá más propia del ser humano, introduce los ingredientes necesarios para que el piloto obre como tal, es abstracta y crea una representación de uno mismo, de su ser. Quizás el sueño lúcido sea un modelo idóneo para estudiar la transición entre la conciencia primaria y la secundaria. Estamos ahora en los primeros esbozos de este fascinante mundo que recién asoma en la historia de la ciencia.

---

[7] El tiempo de un libro es extraño. El presente del lector es el pasado de quien lo escribe. Gerald Edelman murió en mayo de 2014, después de que esta página fuera escrita y antes de que fuese leída. Elegí mantener el presente desde esta perspectiva, desde la construcción del relato cuando las ideas de Edelman aun se expresaban desde su propia pluma, clara y provocativa hasta sus últimos días.

Viajes de la conciencia

Otro camino ancestral para la exploración personal y social de la conciencia es el de la ingesta de fármacos, plantas, yuyos, café, chocolates, mate, alcohol, coca, opio o marihuana. Excitantes, psicoactivos, alucinógenos, somníferos, hipnóticos. La exploración psicofarmacológica que busca asociar el efecto de las plantas, sus compuestos, sus derivados y sus versiones sintéticas con estados mentales específicos ha sido un ejercicio común de todas las culturas. Acá nos sumergimos en el universo de la ciencia de dos drogas que alteran el contenido y el flujo de la conciencia, el cannabis y las drogas alucinógenas.

La fábrica de beatitud

El cannabis es una planta nativa del sur asiático que se utilizaba hace más de cinco mil años para hacer ropas, velas, cordajes y papel. El uso del cannabis como droga[8] también es milenario. Así se explica que hace más de dos mil quinientos años un chamán de la región de Xinjiang, China, fuera momificado junto a una canasta con hojas y semillas de cannabis. También hay registros del uso de cannabis en momias e íconos egipcios.

En la década de 1970 proliferó la prohibición del uso recreativo y medicinal del cannabis y unos cuarenta años después la ola empezó a invertirse. En efecto, la legalidad de una droga cambia abruptamente en distintos lugares y tiempos, y en general esta decisión suele ignorar los mecanismos y pormenores de su accionar biológico. Para poder decidir de manera informada, ya sea en de-

---

[8] Mientras una única palabra, *sueño*, refiere a muchos significados lejanos —ilusión, ganas de dormir, representación onírica—, *marihuana* sufre un proceso inverso, que nace en el tabú y el pudor de nombrarla. Así, un único significado se expresa por una multitud de palabras: chala, faso, petardo, churro, porro, caño, maría, macoña.

cisiones privadas o públicas, es necesario conocer de qué forma distintas drogas afectan al cerebro. Esto es particularmente relevante en el caso de la marihuana, en un momento en que su legalización está en plena discusión.

En los años setenta, las tres drogas ilegales más extendidas eran la marihuana, el opio —derivado en morfina y heroína— y la cocaína. Los compuestos psicoactivos del opio y de la cocaína ya se habían identificado y también se habían develado los aspectos principales de sus mecanismos de acción. De la marihuana no se sabía prácticamente nada. Después de doctorarse en el Instituto Weizmann y de hacer un posgrado en la Universidad Rockefeller, el joven químico búlgaro Raphael Mechoulam volvió repleto de honores a Israel, dispuesto a remediar esta ignorancia. Cimentar el puente entre la química, las moléculas del cannabis y su acción en el cuerpo y en la mente era una gesta en sí:

> Creo que la separación entre disciplinas científicas es solo un reconocimiento de nuestra limitada capacidad para entenderlas. En la naturaleza, la frontera no existe.

Toda una declaración de intenciones que definió un estilo para su pesquisa y que, en cierta medida, este libro hereda.

El de Mechoulam no era entonces —como no lo es ahora— un camino fácil, en gran medida a causa de la ilegalidad de la sustancia que pretendía estudiar. Para trabajar tuvo que armar triquiñuelas atípicas en la vida promedio de cualquier investigador. En primer lugar, tenía que conseguir el cannabis. Aprovechando su experiencia en el ejército, Mechoulam convenció a la policía israelí para que le dejara pasar cinco kilos de *hash* libanés y comenzar así un maratónico proyecto de investigación. Se trataba, por un lado, de fragmentar químicamente los casi cien compuestos que constituyen el cannabis y, por otro lado, suministrárselos a monos para identificar al responsable del efecto psicoactivo. Como no es fácil reconocer a un mono fumado, utilizó el efecto sedativo como registro para determinar el potencial de un compuesto. Y así, en 1964, logró identificar al $\Delta 1$-tetrahydrocannabinol ($\Delta 1$-THC, hoy conocido como $\Delta 9$-THC) como el principal responsable del efecto psicoactivo del cannabis. Otros compuestos mucho más frecuentes en la marihuana, como el cannabidiol, no tienen efecto psicoactivo. Sin embargo, tienen efectos fisiológicos como antiinflamatorios o vasodilatadores y son, de hecho, el principal foco de los usos médicos del cannabis.

Descubrir el compuesto activo de una planta es solo el primer paso para poder investigar su mecanismo de acción. ¿Qué sucede en el cerebro para que se desencadene la explosión del apetito y la risa o el cambio en la percepción? El segundo gran hallazgo de Mechoulam fue identificar un receptor en el cerebro que reacciona específicamente al $\Delta 9$-THC. Un receptor es un sensor molecular en la superficie de las neuronas. El compuesto activo de la droga es como una llave y el receptor, como una cerradura. De todas las cerraduras del cerebro, el $\Delta 9$-THC abre solo algunas, justamente, las llamadas receptores cannabinoides. Hoy se conocen dos tipos: el CB1, distribuido en neuronas en las más diversas zonas del cerebro, y el CB2, que regula el sistema inmune.[9]

Cuando una molécula encaja en un receptor en la superficie de una neurona puede producir distintos cambios en esa neurona, activarla, desactivarla, volverla más sensible o cambiar la manera en que se comunica con sus vecinas. Esto sucede a la vez en las millones de neuronas que expresan este tipo de receptor. En cambio, esta molécula no les hace nada a las neuronas que no tienen un receptor que reaccione al $\Delta 9$-THC.

---

[9] Sabemos que hay más receptores —que no han sido aún encontrados— porque, cuando se bloquean el CB1 y CB2 —es decir, cuando se cubren las cerraduras—, el cannabis sigue produciendo efectos fisiológicos y cognitivos.

El encaje entre una molécula y su receptor no es perfecto. La llave a veces falla y no abre la cerradura. Cuanto mejor es el encaje de una molécula con su receptor, más efectiva y potente resulta la droga. Estudiando la estructura química del cannabis, Mechoulam pudo sintetizar un compuesto cien veces más efectivo que el Δ9-THC. Cinco gramos de ese compuesto producen un efecto equivalente a unos diez kilos de marihuana.

¿Por qué las neuronas del cerebro humano tienen un receptor específico para una planta que crece en el sur de Asia? Es extraño que el cerebro humano tenga un mecanismo para detectar una droga que durante siglos creció en lugares muy específicos del planeta. ¿Será que para todos los que no consumen cannabis este sistema no cumple ninguna función, y es como el apéndice de su cerebro? ¿Estuvo este mecanismo tan prominente en el cerebro en desuso hasta que la marihuana se hizo popular?

La respuesta es no. El sistema cannabinoide es una pieza regulatoria clave del cerebro para todos, los que fuman y los que no. La solución a este enigma es que el cuerpo manufactura su propia versión del cannabis.

En 1992 —treinta años después de descubrir el THC, la ciencia se cocina a fuego lento— se produjo el tercer gran descubrimiento de un Mechoulam ya más viejo pero no menos persistente, un compuesto endógeno que el cuerpo produce naturalmente y que tiene el mismo efecto que el cannabis. A este compuesto lo llamaron anandamida por ser una amida (compuesto químico) que produce *ananda*, que en sánscrito se refiere a la beatitud.

Esto quiere decir que cada uno de nosotros, en el silencio opaco e íntimo de su fisiología, crea cannabis. La activación de los receptores cannabinoides por el consumo de marihuana es mucho mayor que la que produce naturalmente la anandamida. Lo mismo sucede con casi todas las drogas. Las endorfinas (opioides endógenos) que producimos en el cuerpo normalmente, por ejemplo al correr, activan los receptores opioides muchísimo menos que la morfina o la heroína.

Esta distinción es clave. Muchas veces, la diferencia fundamental entre dos compuestos no está en sus mecanismos de acción sino en la dosis. Por ejemplo, la ritalina y la cocaína tienen exactamente el mismo mecanismo de acción. La primera es legal y se usa para tratar el déficit de atención. Más allá de la discusión sobre su posible abuso médico, está claro que la ritalina no genera un ápice de la adicción que produce la cocaína. La razón de esta diferencia fundamental es una sola, su concentración.[10]

La frontera cannábica

El receptor de cannabis CB1 se expresa promiscuamente a lo largo y ancho del cerebro. Esto lo distingue de los receptores de dopamina (cocaína) que se expresan en un núcleo puntual del cerebro. Implica que muchas neuronas en distintas regiones cerebrales cambian su función tras el consumo de marihuana. Hoy conocemos en gran detalle algunos aspectos de la bioquímica del cannabis. Por ejemplo, unas neuronas conocidas como POMC, que se encuentran en el hipotálamo, producen una hormona que regula el apetito, y esta, a su vez, puede generar distintas hormonas, en apariencia muy similares pero con efectos muy diferentes. En su estado normal, produce una hormona que regula la saciedad y suprime el apetito. Pero cuando el receptor CB1 está activo obra un cambio estructural en la neurona que hace que manufacture una hormona distinta con el efecto adverso, estimular el apetito. La lupa bioquímica de la fábrica de hormonas en el cerebro explica ese efecto conocido por todos los

---

[10] Es la fórmula de Paracelso, válida desde el siglo XV; entre un veneno y un medicamento, la única diferencia es la dosis.

que fuman, el bajón, el hambre voraz que no se resuelve por más que uno coma y coma.

Así como la relación entre la marihuana y el apetito se conoce con exquisito detalle, el puente entre la bioquímica, la fisiología y la psicología sigue siendo un misterio en términos de los efectos cognitivos de la droga. El que fuma o ingiere marihuana tiene la sensación de que su conciencia cambia. ¿Cómo se puede hacer ciencia sobre este aspecto tan subjetivo de la percepción? No me refiero a cuantificar cuánto recordamos o cuánto tardamos en hacer una cuenta luego de fumar, sino a una pregunta mucho más introspectiva. Cómo se reorganiza el pensamiento al consumir cannabis es un misterio del que la ciencia apenas se ha ocupado.

La falta de información científica sobre los efectos cognitivos del cannabis se debe, en primer lugar, a la ilegalidad de la marihuana. El camino de Mechoulam fue una especie de excepción en este abismo de ignorancia. Buscar un consenso en la relativamente escasa literatura científica tampoco es sencillo. Una búsqueda revela rápidamente resultados contradictorios, que la marihuana afecta la memoria y que no la afecta. Que cambia radicalmente la capacidad de concentración y que no la modifica en absoluto.

No estamos acostumbrados a semejante disenso en la literatura científica, pero en realidad no es algo específico de este campo. Para poner una analogía no farmacológica, ¿es bueno o malo que un chico pase horas jugando en la computadora? Si un padre quiere informarse y regular a conciencia el acceso a las pantallas, se va a encontrar con una gran confusión. Un trabajo que reconoce los beneficios del juego en el desarrollo cognitivo, la atención y la memoria; otro que alerta sobre sus efectos nocivos para el desarrollo social, y así…

Esta disonancia tiene varias explicaciones. La primera es que no hay *una* marihuana sino muchas. Cambian las concentraciones, los ingredientes —más o menos THC— pero también el modo de consumirla, las cantidades y el metabolismo del consumidor. Para poner un ejemplo mucho más llano, es como tratar de resolver de manera unánime si comer dulces hace bien o mal. Depende de cuánto azúcar tengan, qué tipos de azúcares contienen y quién los come, si es obeso o diabético o si, al revés, está muy flaco o hipoglucémico.

Que haya estudios con conclusiones tan variadas sugiere que los posibles riesgos de la marihuana no son universales. En cambio, si tomamos la literatura científica en su conjunto, vemos que consistentemente se encuentra que la marihuana tiene riesgo de inducción psicótica en adolescentes o personas con antecedentes de patologías psiquiátricas, tanto en el momento de fumar como tiempo después. De hecho, un efecto común del uso de drogas, no solo de la marihuana, es que la edad inicial de consumo afecta enormemente su potencial adictivo. Cuanto más joven se empieza a consumir, es mucho más factible que esa sustancia se vuelva adictiva.

HACIA UNA FARMACOLOGÍA POSITIVA

Hay un límite frágil entre el alivio del dolor y la búsqueda de placer, incluso si luego la sociedad construye una frontera abrupta a partir de esta fina diferencia. Suele ser aceptable inflar de drogas al que siente dolor y prohibirle usar las mismas drogas para que se sienta mejor el que ya estaba *bien*. Esta asimetría ocurre también en la ciencia, que se focaliza en los efectos nocivos de la marihuana y abandona por completo sus potenciales efectos positivos.

Prácticamente toda la investigación científica se ocupa de dirimir si la marihuana nos aleja de la presunta línea de normalidad. En cambio, resulta difícil encontrar trabajos que investiguen si esa línea puede llevarse hacia un lugar mejor. Algo similar sucedía en la psicología hace poco más de treinta años, se trataba simplemente de mejorar la condición del que estaba deprimido, angustiado o asustado. Martin Seligman y otros tantos investigadores cambiaron el foco al fundar la psicología positiva, que se ocupa de investigar cómo lograr que quien está *normal* pueda estar mejor.

La ciencia sería mucho más honesta si también se pudiera hacer una farmacología positiva. Este camino fue explorado en la literatura con *Las puertas de la percepción*, de Aldous Huxley, como abanderada, pero fue casi ignorado por la pesquisa científica. Un camino de investigación posible consiste en no pensar la marihuana solo en términos de si es nociva sino si puede servir para vivir mejor. Esto, obviamente, no indica que la marihuana sea buena. El desafío pasa por descubrir en qué medida puede mejorar la vida cotidiana; por ejemplo, haciéndonos reír más, socializando y disfrutando más o teniendo mejor sexo. Básicamente se trata de sopesar esto con los riesgos reales —que existen y en algunos casos son severos— para poder decidir mejor, tanto en el ámbito privado como en las políticas del Estado.

LA CONCIENCIA DE MR X

Carl Sagan, el escritor de *Cosmos* y uno de los más extraordinarios divulgadores de la ciencia, fumó marihuana por primera vez cuando ya era un científico consagrado.[11] Como suele suceder, su primera experiencia fue un fiasco, y Sagan, escéptico aguerrido, esbozó todo tipo de hipótesis sobre el efecto placebo de la droga. Sin embargo,

---

[11] La relación de las drogas con la profesión puede darse de forma inversa. Un texto que algunos juzgan apócrifo relata la historia de Adrián Calandriaro, quien después de componer dos discos de alto vuelo imaginativo buscó resolver un largo período de infertilidad musical y se encerró con un cuaderno, una lapicera y treinta y dos mil dosis de ácido lisérgico. Calandriaro permaneció drogado desde el 14 de mayo de 1992 hasta mediados de abril de 1998. En ese período estudió odontología, montó un consultorio, se casó, tuvo tres hijos, un perro llamado Augusto y dos millones de dólares en una cuenta en Uruguay. Es feliz, pero extraña un poco la música (*Peter Capusotto*, el libro).

según cuenta Mr X —su álter ego cannábico—, luego de algunos intentos la droga hizo efecto:

> Vi la llama de una vela y descubrí en el corazón de la llama, parado con magnífica indiferencia, al caballero español con sombrero y capa. [...] Mirar fuegos fumado, especialmente a través de uno de esos caleidoscopios que refleja sus alrededores, es una experiencia extraordinariamente conmovedora y bella.

En el relato de Mr X, esta manipulación de la percepción no se confunde con la realidad, exactamente como en un sueño lúcido:

> Quiero explicar que en ningún momento creí que esas cosas *realmente* estuvieran allí afuera. Sabía que no había un hombre en la llama. No siento contradicción en estas experiencias. Hay una parte de mí creando las percepciones que en la vida diaria serían bizarras; hay otra parte de mí que es una especie de observador. Casi la mitad del placer viene de la parte observadora apreciando el trabajo de la parte creadora.

El cambio en la percepción con el cannabis no es exclusivo del mundo de las imágenes. De hecho, la modificación más sustancial probablemente suceda en la percepción auditiva.

> Por primera vez he sido capaz de oír las partes separadas de una armonía tripartita y la riqueza del contrapunto. Desde entonces descubrí que los músicos profesionales pueden mantener fácilmente muchas partes separadas ocurriendo simultáneamente en sus cabezas, pero esta era la primera vez para mí.

Mr X, además, estaba convencido de que las ocurrencias que parecían brillantes durante la inducción cannábica eran realmente brillantes. Sagan cuenta cómo, de hecho, parte del trabajo más laborioso y metódico que hizo en su vida fue ordenar estas ideas, registrándolas y escribiéndolas —al costo de perder muchas otras— y que al día siguiente, pasado el efecto de la marihuana, las ideas no solo no habían perdido su brillo sino que cimentaron gran parte de su carrera.

Un amigo y colega neurocientífico —llamémoslo Mr Y— llevó adelante un proyecto informal y personal inspirado en el relato de Carl Sagan. El experimento consistía en observar, bajo el efecto de la marihuana, una imagen que se desvanecía muy rápidamente. Luego tenía que indicar lo que había en distintos fragmentos de la imagen y la vividez con que la recordaba.

Sin fumar solamente es posible recordar una pequeña fracción de la imagen. Reina la estrechez de la conciencia. Pero fumado, Mr Y creía recordar todo con gran nitidez y tuvo la sensación de que estaba descubriendo algo extraordinario y singular. Se sentía en la cabeza de Huxley, abriendo las puertas de la percepción.

Cuando terminaron las pruebas, analizó ansiosa pero cuidadosamente los datos para descubrir que fumado en realidad había visto exactamente lo mismo que sin fumar. Ni más ni menos. Era el paisaje subjetivo, la manera de sentir los detalles de la imagen, lo que cambiaba. Como Sagan, sentía cierta genialidad de la percepción en el estado cannábico, la misma que seguramente hace que sobrevaluemos la gracia de un chiste o la originalidad de una idea.

Este experimento y el de Sagan coinciden en que hay una riqueza subjetiva en el estado cannábico pero difieren en si es genuina o una especie de ficción mental. Dirimir entre estas dos alternativas resulta imposible porque, a diferencia del resto de los experimentos narrados en este libro, carecen del rigor científico necesario para poder obtener concusiones firmes. Pero esto no es casual, sino el resultado de la falta de libertad para poder experimentar con el cannabis de forma rigurosa y sin especulaciones.

■ Uno de los estudios más informativos sobre cómo se reorganiza el cerebro como consecuencia del uso extendido de cannabis fue publicado en la revista *Brain,* una de las más prestigiosas y rigurosas de la neurología. Se estudió la capacidad de atención y concentración de fumadores crónicos frecuentes —en promedio, más de dos mil cigarrillos de marihuana fumados— comparado con personas que nunca fumaron marihuana. La atención se midió en este caso viendo cuántos puntos eran capaces de seguir al mismo tiempo, sin que se mezclaran mentalmente y sin perder rastro de cuál era cuál. O sea, un ejercicio de malabares mentales. El resultado del estudio fue que los fumadores y los no fumadores tienen una capacidad de atención muy parecida y resuelven el problema más o menos con la misma destreza. Por lo tanto, la primera conclusión fue que los usuarios de cannabis, en promedio, no pierden ni ganan capacidad de atención y de concentración.

Lo más interesante es que, pese a esa similitud en el desempeño, la actividad cerebral de ambos grupos se ve muy distinta. Los usuarios de cannabis activan menos la corteza frontal —que regula el esfuerzo mental— y parietal y, en cambio, activan más la corteza occipital —el territorio del sistema visual que funciona como el pizarrón del cerebro—. El cambio en la actividad cerebral entre los que fuman y los que no —más actividad occipital, menos frontal— se asemeja al que se observa cuando se compara la actividad cerebral de grandes ajedrecistas y novatos mientras juegan ajedrez. Los grandes ajedrecistas activan más la corteza occipital y menos la frontal, como si vieran las jugadas en lugar de calcularlas.

LA VIDA SECRETA DE LA MENTE

Este resultado tiene dos interpretaciones posibles. Una es que los que fuman marihuana activan menos la corteza frontal porque no necesitan hacer tanto esfuerzo para resolver el problema, como el gran ajedrecista que juega *de taquito*. La otra, en cambio, es que tienen comprometido su sistema de atención y utilizan más su corteza occipital —es decir, el sistema visual— para remediar y compensar esta falta. La diferencia es sutil pero oportuna. Bien estudiada permite separar riesgos de beneficios y entender cómo estos se ecualizan en un estado mental que no es necesariamente mejor o peor que el *normal*, sino distinto.

EL REPERTORIO LISÉRGICO

La ayahuasca es la poción más célebre del mundo amazónico. Se sirve como un té preparado con la mezcla de dos plantas, el arbusto *Psychotria viridis* y la liana *Banisteriopsis caapi*. En realidad existen distintas fórmulas, pero en todas se reúnen dos plantas con roles neurofarmacológicos complementarios. El arbusto es rico en N,N-dimetiltriptamina, más conocida como DMT. La liana tiene un inhibidor de la monoamino oxidasa (IMAO), una de las drogas más utilizadas como antidepresivo.

La sinergia de estas dos drogas que conforman la ayahuasca funciona así. El DMT modifica el balance de neurotransmisores. En situaciones normales la monoamino oxidasa, como el policía químico del cerebro, resolvería este desbalance. Pero aquí entra en acción la IMAO de la liana, que inhibe la capacidad del cerebro de regular su balance de neurotransmisores. Así, en la dosis utilizada por la ayahuasca, el efecto psicodélico del DMT es bajo, pero combinado con la liana se potencia. La ayahuasca cambia radicalmente la percepción e induce transformaciones severas de los sistemas de placer y de motivación. También, por supuesto, altera el flujo, la organización y el ancla de la conciencia.

De todos los cambios perceptivos que produce la ayahuasca, el más extraordinario es una alucinación de gran vivacidad llamada *mirações* (visiones). Son construcciones de la imaginación con muchísima potencia visual. Bajo el efecto de la ayahuasca, la imaginación y la visión tienen la misma resolución. ¿Cómo se materializa esto en el cerebro?

■ Draulio Araujo, un físico brasileño acostumbrado a caminar selvas y pantanales, hizo un experimento único que sincretiza tradiciones ancestrales de la región amazónica y la fanfarria más sofisticada del desarrollo tecnológico occidental. Draulio llevó a chamanes, expertos en el uso de la poción, a las habitaciones modernas y asépticas de los hospitales de Riberao Preto para que tomaran la droga y entraran en el resonador a dar rienda suelta a sus visiones.

Este experimento solo podía hacerse con usuarios extremadamente experimentados. La ayahuasca es una droga fuerte y potente y, para quien no tiene un gran control del viaje psicológico que produce, la experiencia dentro de un resonador puede ser muy nociva. El caso es que ahí, en la intimidad del resonador, los chamanes alucinaron y luego reportaron la intensidad y la vividez de sus alucinaciones. Luego repitieron el experimento sin el efecto de la droga, cuando la imaginación se expresa de manera mucho más tenue.

Durante la percepción —cuando vemos algo—, la información va de los ojos al tálamo, luego a la corteza visual y de ahí a la formación de memorias y a la corteza frontal. Con ayahuasca, la corteza visual no se nutre de los ojos sino del mundo interno. Así, dando vuelta el flujo de la información se cimentan las alucinaciones. Durante la alucinación psicodélica, el circuito empieza en la corteza prefrontal y de ahí se nutre de la memoria para fluir a contramano hasta la corteza visual. La transformación química del cerebro logra —por mecanismos que todavía no conocemos— proyectar la memoria en la corteza visual, como si reconstruyera la experiencia sensorial que dio lugar a esas memorias. En efecto, bajo el efecto de la ayahuasca, la corteza visual se activa prácticamente con la misma intensidad al ver algo que al imaginarlo, y eso le da más realismo a la imaginación. En cambio, sin la droga, la corteza visual se activa mucho más al ver que al imaginar.

La ayahuasca también activa el área diez de Brodmann, que forma un puente entre el mundo externo —el de la percepción— y el mundo interno —el de la imaginación—, lo que explica un aspecto idiosincrático de los efectos que produce. Es común que el que toma ayahuasca sienta que el cuerpo se transforma. Más aún, que se sienta literalmente fuera de su propio cuerpo. La frontera entre el mundo externo y el mundo interno se vuelve más tenue y más confusa.

EL SUEÑO DE HOFFMAN

En 1956, Roger Heim, director del Museo Nacional de Historia Natural de París, encaró junto con Robert Wasson una expedición a Huautla de Jiménez, en México, para identificar y recoger hongos utilizados en los ritos curadores y religiosos de los mazatecas. A su regreso a París, Heim se contactó con el químico suizo Albert Hoffman para que lo ayudara a identificar la química de los hongos sagrados. Hoffman era el candidato ideal para dicha tarea. Diez años antes, en su laboratorio, tras probar accidentalmente 250 microgramos de un ácido lisérgico que había sintetizado, se fue a su casa en bicicleta en lo que fue el primer viaje lisérgico en la historia humana.

Mientras Hoffman descubría que la molécula mágica de los hongos era la psilocibina, Wasson publicaba un artículo en la revista *Life* titulado "En busca de los hongos mágicos", en el cual realizó un *racconto* de sus viajes al desierto mexicano con Heim. El artículo fue un éxito, y la psilocibina dejó de ser un objeto de culto de los mazatecas para convertirse en un ícono masivo de la cultura occidental en los años sesenta.

La cultura lisérgica iba a tener una impronta mayor en la Generación Beat de intelectuales y personajes ilustres como Allen Ginsberg, William S. Burroughs y Jack Kerouac, que fundaron un movimiento que se propuso cambiar aspectos radicales de la cultura y del pensamiento humano. Timothy Leary, con su Harvard Psilocybin Project, acompañó a la generación lisérgica comandando una exploración científica sobre los efectos transformadores de la psilocibina.

La terna fundadora de la psilocibina tuvo roles centrales en la ciencia, la economía, la política y la cultura. Wasson fue vicepresidente de JP Morgan; Heim fue condecorado con el título de Gran Oficial de La Legión de Honor y otros títulos de los *grandes hombres* franceses, y Hoffman fue presidente de la gran compañía farmacéutica Sandoz y miembro del comité del Premio Nobel. Sin embargo, en algún sentido, por lo menos desde su objetivo constitutivo extremadamente ambicioso, la generación lisérgica fue un fracaso.

El pico de entusiasmo de una década de investigación fue seguido de un letargo de casi medio siglo, en que la psilocibina desapareció casi por completo de la exploración científica, o por lo menos se volvió marginal. En las últimas décadas, las curiosidades de la mente fueron aceptables si resultaban de ensoñaciones o de cerebros peculiares, pero la exploración farmacológica de la fauna y la diversidad mental se detuvo casi por completo. Esto está cambiando.

En el laboratorio de David Nutt se realizan hoy todo tipo de experimentos sobre cómo se conforma y organiza la actividad cerebral durante el viaje de psilocibina. Es un estado distinto del que se observa con la ayahuasca. Las tradiciones rituales mazatecas y amazónicas difieren en las plantas —hongos en vez de lianas y arbustos—, en las drogas —psilocibina en vez de DMT e IMAO—, en el tipo de transformación psicológica y también en la reorganización cerebral luego de la ingesta de la droga.

La psilocibina cambia la manera en que la actividad cerebral se organiza en el espacio y en el tiempo. El cerebro forma espontáneamente una secuencia de estados, y en cada uno se activa un grupo de neuronas que luego se desactiva para dar lugar a un nuevo estado. Como nubes que se mueven, en las que se compone una figura que luego se deshace para dar lugar a nuevas formas. En esta metáfora, cada agrupación de las nubes en una forma definida corresponde a un estado cerebral. Esta sucesión de estados cerebrales representa el flujo de la conciencia. Bajo el efecto de la psilocibina, el cerebro recorre un número mayor de estados, como si el viento hiciese que las nubes mutaran más rápidamente en un reportorio mucho más variado de formas.

El número de estados es también una huella de la conciencia. Durante un estado inconsciente —el sueño profundo o la anestesia, por ejemplo—, el cerebro colapsa a un modo muy simple, de pocos estados. Con el encendido de la conciencia, el número de estados se amplía, y con la inducción de psilocibina, crece todavía más. Esto puede explicar, desde el cerebro, por qué muchas de las personas que consumen LSD y hongos psicodélicos perciben una forma de conciencia expandida.

En estado lisérgico, muchos también mencionan algo que en inglés se conoce como *trailing*, pues la realidad se percibe como una serie de imágenes fijas que se arrastran dejando una estela. Así, con los hongos psicodélicos, las puertas de la percepción, además de abrirse, se fragmentan. Se levanta el telón, mostrando que la realidad que percibimos como un continuo es una mera sucesión de cuadros. Aquella propiedad que Freud conjeturó a las neuronas omega para que pudieran a la vez persistir y cambiar tal como lo hace la conciencia.

Durante la percepción normal, la realidad parece continua, no discreta. Pero esto es una ilusión. El carácter discreto de la percepción *normal* se revela sutilmente en una carrera de autos. Ahí se produce una ilusión tan frecuente como curiosa, pues las ruedas del coche parecen girar al revés. La explicación de este fenómeno es muy conocida en el mundo del cine y la televisión y tiene que ver con la frecuencia de cuadros fotográficos con los que uno relata la realidad. Imaginemos que la rueda tarda 17 milisegundos en dar una vuelta y que la cámara captura un cuadro cada 16 milisegundos. Entre un cuadro y otro la rueda casi ha dado una vuelta. Es por eso que en cada fotograma sucesivo la rueda parece haber retrasado un poco. Lo extraordinario es que esta ilusión no es televisiva. Está en nuestro cerebro e indica que, como en el cine, generamos cuadros de manera discreta que luego interpolamos con una ilusión de continuidad. La percepción siempre es fragmentada, pero solo bajo el efecto de una droga como la psilocibina esta fragmentación se hace evidente. Como si viéramos la realidad tal como es detrás de la cortina, en el trasfondo de la matriz.

EL PASADO DE LA CONCIENCIA

Hoy es posible sumergirse en el sueño, en la mente de los recién nacidos y en el pensamiento de los pacientes vegetativos, porque tenemos herramientas que nos permiten observar trazas del pensamiento. Pero toda esta tecnología es inútil para indagar en otro espacio misterioso del pensamiento humano, la conciencia de nuestros antecesores. Sabemos con gran certeza que su cerebro era casi idéntico al nuestro. Pero en nuestra prehistoria no había libros, radio, televisión ni ciudades. La vida era mucho más corta, y el foco estaba puesto en la caza y en asuntos vitales del presente. ¿La conciencia era distinta de la de la sociedad contemporánea? Dicho de otra manera, ¿la conciencia emerge naturalmente en el desarrollo del cerebro o se forja en un nicho cultural particular?

Julian Jaynes respondió esta pregunta dando lugar a una de las teorías más polémicas y debatidas de la neurociencia; nuestros antepasados vivían esencialmente en un jardín de esquizofrénicos. La conciencia, tal como la conocemos, emerge con la cultura en la historia de la humanidad hace relativamente poco tiempo.

El argumento de Jaynes se construye sobre registros fósiles del pensamiento, la palabra escrita. El período entre el 800 y el 200 a.C. marcó una transformación radical en tres grandes civilizaciones del mundo, china, india y occidental. Durante este período se produjeron las religiones y filosofías que hoy son pilares de la cultura moderna. Estudiando dos textos fundacionales de la civilización occidental, la Biblia y la saga homérica, Julian Jaynes argumentó, además, que durante este período también se transformó la conciencia.

Jaynes basó su argumento en la lectura de algunos pasajes. Por ejemplo, los impulsivos héroes irreflexivos de la *Ilíada*, impulsados por pasiones insufladas en ellos por los dioses, dan paso al astuto Odiseo, quien engaña a Polifemo y conduce a sus hombres a Escila con una mala conciencia.

Uno de los argumentos es que este cambio resulta de la aparición del texto. Porque permite consolidar el pensamiento en un papel en lugar de confiarlo a la memoria, más volátil. A los que ahora tanto reflexionan acerca de cómo Internet, las tabletas, los teléfonos y el desenfrenado flujo informativo pueden cambiar la manera en que pensamos y sentimos, conviene recordar que la informática no es la primera revolución material que cambió radicalmente la manera en que nos expresamos, comunicamos y, casi con certeza, pensamos.

Jaynes proponía que las voces interiores, que expresaban voluntades divinas, fueron reemplazadas por un diálogo interno consciente de sí mismo. La conciencia, antes de Homero, vivía en el presente y no reconocía que cada uno es autor de sus propias voces. Es la que denominamos conciencia primaria y que hoy resulta característica de la esquizofrenia o de los sueños (salvo los lúcidos). Con la proliferación de los textos, la conciencia se transformó en la que hoy reconocemos. Somos autores, protagonistas y responsables de nuestras creaciones mentales, que a su vez tienen la riqueza para entrelazarse con lo que conocemos del pasado y lo que adivinamos o anhelamos del futuro.

Con Carlos Diuk, Guillermo Cecchi y Diego Slezak nos propusimos examinar la idea de Jaynes utilizando un procedimiento cuantitativo para medir el carácter introspectivo de un texto. Para esto desarrollamos herramientas que nos permitieran determinar cuán cerca estaba el fragmento de un texto (una palabra, una frase o un párrafo) de un concepto determinado. Se trata de contar, a lo largo del texto, en qué medida sus palabras reflejan el concepto de introspección. Con este ejercicio de filología cuantitativa, utilizando herramientas de la computación sobre los archivos históricos de la humanidad, probamos la hipótesis de Jaynes, hay un cambio en la narrativa de los textos homéricos y bíblicos que refleja un discurso introspectivo. No es posible dirimir si este cambio refleja el filtro del lenguaje escrito, la censura, las tendencias y las modas narrativas, o si, por el contrario, expresa, como conjetura Jaynes, la manera de pensar de nuestros antecesores. Resolver este dilema exige ideas y herramientas que hoy ni siquiera hemos concebido.

EL FUTURO DE LA CONCIENCIA: ¿HAY UN LÍMITE EN LA LECTURA DEL PENSAMIENTO?

Hoy Freud ya no estaría en la oscuridad. Tenemos herramientas que nos permiten acceder al pensamiento —consciente o no— de un paciente vegetativo y de un bebé. Y podemos indagar en el contenido del sueño de un soñador. ¿Acaso pronto podremos registrar nuestros sueños y visualizarlos en la vigilia, como en una película, para reproducir todo lo que hasta ahora se desvanece al despertar?

Leer el pensamiento ajeno decodificando estados mentales a partir de sus correspondientes patrones cerebrales es como pinchar un cable del teléfono, descifrar el código y adentrarse en el mundo privado del otro. Esta posibilidad abre perspectivas y posibilidades pero también peligros y riesgos.[12] A fin de cuentas, si había algo privado, eran nuestros pensamientos. Pronto, quizá, ya no lo sean.

La resolución de las herramientas hoy es limitada y nos permite *apenas* reconocer algunas pocas palabras del pensamiento. En un futuro no tan lejano quizá las sensaciones se podrán escribir y leer directamente del sustrato biológico que las produce: el cerebro. Y, casi con certeza, podrá observarse el contenido mental hasta de los recovecos más remotos del inconsciente.

Este camino no parece tener límite, como si fuera solo una cuestión de mejorar la tecnología. ¿Será así? ¿O, por el contrario, hay un límite estructural en la capacidad de observar el pensamiento propio y ajeno? En la naturaleza, tal como la conocemos, existen límites a nuestra capacidad de observación. Uno no puede comunicar más rápido que la velocidad de la luz, no importa la tecnología. Tampoco se puede, de acuerdo con las leyes de la mecánica cuántica, acceder a toda la información de una partícula —ni siquiera su posición y su velocidad— con absoluta precisión. Tampoco podemos entrar —o más bien salir— de un agujero negro. Estos no son límites coyunturales por falta de tecnología adecuada. Si la física actual es correcta, estos límites son insuperables más allá de cualquier desarrollo tecnológico. ¿Habrá un límite similar en la capacidad de observar nuestro propio pensamiento?

Con mi amiga y colega, la filósofa sueca Kathinka Evers, argumentamos que existe un límite natural a la inspección de la mente

---

[12] "Nunca dejes que nadie sepa lo que estás pensando" (Michael Corleone).

humana. La aventura podrá ser extremadamente enriquecedora —en algunos casos emancipadora, como la de los pacientes vegetativos— pero es probable que exista un límite intrínseco en la capacidad de indagar el pensamiento que vaya más allá de la precisión tecnológica de la lupa con la que se lo observe.

Hay dos argumentos filosóficos que permiten sospechar que existe un límite en la capacidad de observarnos. El primero refiere que cada pensamiento es único y nunca se repite. En filosofía, esta es la distinción clásica entre tipos —o símbolos o íconos— e instancias que son realizaciones de un tipo determinado. Uno puede pensar dos veces en el mismo perro, incluso en el mismo lugar y a la misma luz, pero no dejan de ser dos pensamientos distintos. La segunda objeción filosófica proviene de un argumento lógico conocido como la Ley de Leibniz, que sostiene que un sujeto es, por lo menos en algún atributo, único, distinto de otros. Cuando un observador decodifica con resolución máxima los estados mentales del otro, lo hace desde su propia perspectiva, con sus propios tintes y matices. Es decir, la mente humana tiene una esfera irreductible de privacidad. Puede ser que en el futuro esa esfera sea muy pequeña, pero no puede deshacerse. Si alguien accediera íntegramente al contenido mental del otro, entonces sería el otro. Se fundirían. Se volverían uno.

CAPÍTULO 5

El cerebro siempre se transforma

*¿Qué hace que nuestro cerebro esté
más o menos predispuesto a cambiar?*

¿Es cierto que se hace mucho más difícil aprender algo —hablar un nuevo idioma o tocar un instrumento— cuando somos grandes? ¿Por qué para algunos resulta sencillo aprender música y para otros, tan difícil? ¿Por qué todos aprendemos a hablar naturalmente y, sin embargo, a casi todos nos cuesta la matemática? ¿Por qué aprender algunas cosas a veces es tan arduo y otras, tan simple?

Nos adentramos en este capítulo en un viaje a la historia del aprendizaje, el esfuerzo y la virtud, a las técnicas mnemónicas, a la transformación drástica del cerebro cuando aprendemos a leer y a la disposición del cerebro al cambio.

LA VIRTUD, EL OLVIDO, EL APRENDIZAJE Y EL RECUERDO

Cuenta Platón sobre un paseo en que Sócrates y Menón dialogaban acaloradamente acerca de la virtud. ¿Es posible aprenderla? Y si es así, ¿cómo? En pleno debate, Sócrates presenta un argumento fenomenal: la virtud no se aprende. Es más, nada se aprende. Cada uno ya posee todo el conocimiento. Aprender, entonces, significa recordar.[1] Esta conjetura, tan bella y a la vez tan osada, se recicló recientemente y se instaló con cierta liviandad en miles y miles de aulas.

Resulta curioso. El gran maestro de la antigüedad cuestionaba la versión más intuitiva de la educación. Enseñar no es transmitir conocimiento. En todo caso, el docente asiste al alumno para que exprese y evoque un conocimiento que ya le pertenece. Este argumento es central en el pensamiento socrático. De acuerdo con su fábula, en cada nacimiento, una de las tantas almas que pululan en terreno de los dioses desciende para confinarse en el cuerpo que nace. En el camino atraviesa el río Leto, donde olvida todo lo que conocía. Todo comienza en el olvido. El camino de la vida, y el de la pedagogía, es un permanente recuerdo de aquello que olvidamos en el cruce del Leto.

Sócrates le plantea a Menón que incluso el más ignorante de sus esclavos conoce ya los misterios de la virtud y los elementos más sofisticados de la matemática y la geometría. Frente a la incredulidad de Menón, hace algo extraordinario y propone resolver la discusión en la arena de los experimentos.

LOS UNIVERSALES DEL PENSAMIENTO

Menón llamó entonces a uno de sus esclavos, que se acercó para convertirse en protagonista inesperado del gran hito de la historia de la educación. Sócrates dibujó en la arena un cuadrado y empezó una catarata de preguntas. Las respuestas del esclavo nos permiten observar intuiciones matemáticas universales. Si las obras matemáticas conser-

---

[1] En latín, *cor-cordis* es la cuerda, el corazón, que forma parte de los acuerdos, de la cordura, de los recuerdos. En latín, entonces, recordar es hacer pasar por el corazón. El *remind* inglés, en cambio, refiere al paso por la mente.

vadas son un registro de lo más refinado y elaborado del pensamiento griego, el texto de Menón dejó un rastro de las intuiciones populares, del sentido común de la época.

En el primer pasaje clave del diálogo, Sócrates pregunta: "¿Cómo he de cambiar el largo del lado para que el área del cuadrado se duplique?". Pensá rápido la respuesta, arriesgá una corazonada sin sumergirte en reflexiones elaboradas. Así hizo probablemente el esclavo cuando respondió: "Simplemente tengo que doblar la longitud del lado". Entonces Sócrates procedió a dibujar en la arena el nuevo cuadrado y el esclavo descubrió que este estaba formado por cuatro cuadrados idénticos al original.

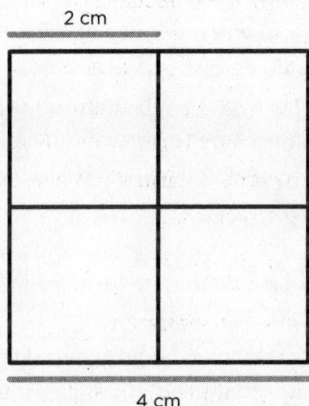

2 cm

4 cm

El esclavo descubrió entonces que al doblar el lado de un cuadrado se cuadruplicaba su área. Y así siguió el juego en el que Sócrates preguntaba y el esclavo respondía. En el camino, respondiendo a partir de lo que ya conocía, el esclavo expresó los principios geométricos que intuía. Y podía descubrir él mismo sus errores para enmendarlos y corregirlos.

Sobre el final del diálogo, Sócrates dibujó en la arena un nuevo cuadrado cuyo lado era la diagonal del cuadrado original.

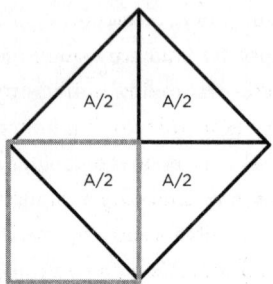

Y entonces el esclavo pudo ver claramente que estaba formado por cuatro triángulos, mientras que el original, solo por dos.

—¿Estás de acuerdo en que este es el lado de un cuadrado cuya área es el doble de la original? —preguntó Sócrates.

A lo que el esclavo contestó afirmativamente, esbozando así el fundamento del teorema de Pitágoras,[2] la relación cuadrática entre los lados y la diagonal.

El diálogo concluye con el esclavo que descubre, solo respondiendo preguntas, la base de uno de los teoremas más preciados de la cultura occidental.

—¿Qué te parece, Menón? ¿Hubo alguna opinión que el esclavo no dio como una respuesta de su propio pensamiento? —preguntó Sócrates.

—No —respondió Menón.

El psicólogo y educador Antonio Battro entendió que este diálogo era la semilla de un experimento inédito, de tintes únicos, para indagar si hay intuiciones que persisten a lo largo de siglos

---

[2] El orden histórico es importante. Hablaríamos, si no, del teorema del esclavo.

y milenios. Con la bióloga Andrea Goldin acometimos esta empresa. Entrenamos a un actor que hacía de Sócrates y encontramos que las respuestas actuales de niños, adolescentes y adultos a un problema planteado hace dos mil quinientos años eran casi idénticas. Nos parecemos mucho a los griegos,[3] acertamos en los mismos lugares y cometemos los mismos errores. Esto demuestra que hay formas de razonamiento tan arraigadas que viajan en el tiempo atravesando culturas sin demasiados cambios.

No importa —aquí— si el diálogo socrático sucedió o no. Quizás haya sido una mera simulación mental de Sócrates o de Platón. Nosotros demostramos, sin embargo, que es plausible que el diálogo haya sucedido tal como está escrito. En cualquier caso, puesta frente a las mismas preguntas, la gente responde —milenios después— tal como lo hizo el esclavo.

Examinar esta hipótesis era mi motivación para hacer ese experimento. Para Andrea, en cambio, era otra muy distinta. Su fuerte apego por encontrar la pertinencia educativa de la ciencia —virtud que fui aprendiendo a su lado— la llevaba a realizar estas preguntas: ¿era realmente el diálogo tan efectivo como se presume? ¿Responder preguntas es una buena manera de aprender?

LA ILUSIÓN DEL DESCUBRIMIENTO

Andrea propuso, una vez terminado el diálogo, mostrarle al alumno un nuevo cuadrado de otro color y otro tamaño y pedirle que lo usara para generar uno nuevo con el doble de área. A mí me parecía que la prueba era demasiado fácil; no podía ser exacta-

---

[3] Basta ver la película *Troya* para comprobar el extraordinario parecido entre Aquiles y Brad Pitt.

mente igual a lo que se había enseñado. Y sugerí entonces que examináramos lo aprendido de un modo más exigente. ¿Podrían extender esta regla a nuevas formas, a un triángulo, por ejemplo? ¿Podrían generar un cuadrado cuya área fuese la mitad —en vez del doble— del cuadrado original?

Andrea se mantuvo en su tesitura, por suerte. Como ella lo supuso, una gran cantidad de los participantes —casi la mitad, de hecho— falló en la prueba más simple. No podían replicar aquello mismo que creían haber aprendido. ¿Qué había sucedido?

La primera clave de este misterio ya apareció en este libro; el cerebro, en muchos casos, dispone de información que no puede expresar o evocar de manera explícita. Es como tener algo en la punta de la lengua. Entonces, la primera posibilidad es que esta información sea efectivamente adquirida a lo largo del diálogo pero no de una manera que pueda ser utilizada y expresada.

Un ejemplo de la vida cotidiana puede ayudarnos a entender los mecanismos que están en juego. Una persona viaja en auto muchas veces, siempre al mismo destino, en el lugar del acompañante. Un día tiene que tomar el volante para recorrer el camino que observó mil veces y descubre que no sabe hacia dónde salir. No significa que no lo haya visto, ni siquiera que no le haya prestado atención. Hay un proceso de consolidación del conocimiento que necesita de la praxis. Este argumento es central en todo el problema del aprendizaje; una cosa es la asimilación de conocimiento *per se* y otra, la asimilación para poder expresarlo. Un segundo ejemplo es el aprendizaje de destrezas técnicas, como tocar la guitarra. Observamos al maestro, vemos claramente cómo articula los dedos para formar un acorde pero, cuando nos toca el turno, nos resulta imposible ejecutarlo.

El análisis del diálogo socrático demuestra que así como la práctica extensa es necesaria para el aprendizaje de procedimientos (aprender a tocar un instrumento, a leer o a andar en bicicleta), también lo es para el aprendizaje conceptual. Pero hay una diferencia vital. En el aprendizaje de un instrumento reconocemos inmediatamente que no alcanza con *ver para aprender*. En cambio, en el aprendizaje conceptual, tanto el docente como el alumno sienten que un argumento bien esbozado se incorpora sin dificultades. Eso es una ilusión. Para aprender conceptos, al igual que para aprender a escribir en un teclado, hace falta un ejercicio meticuloso.

La indagación del diálogo de Menón nos sirve para develar una suerte de fiasco de la pedagogía. El proceso socrático resulta muy gratificante para el maestro. El retorno que tiene del alumno hace pensar en un gran éxito. Pero cuando se pone a prueba si la clase funcionó o no, el resultado no siempre parece tan promisorio. Mi hipótesis es que este proceso educativo a veces falla por dos razones, la falta de práctica y de ejercitación del conocimiento adquirido y el foco de la atención, que no debería estar en los pequeños fragmentos ya conocidos sino en cómo combinarlos para producir nuevo saber. El primer argumento ya lo esbozamos y lo profundizaremos en las siguientes páginas. El segundo tiene un ejemplo conciso en la práctica educativa.

Más allá de los factores sociales, económicos y demográficos —por supuesto, decisivos—, hay países en los que la enseñanza de la matemática funciona mejor que en otros. Por ejemplo, en China se aprende más que lo esperado —de acuerdo con el PBI y otras variables socioeconómicas— y en los Estados Unidos, menos. ¿Qué explica esta diferencia?

En los Estados Unidos, para enseñar a resolver 173 x 75, el maestro suele preguntar a los chicos cosas que ya conocen: "¿Cuánto es 5 x 3?". Y todos, al unísono, responden: "15". "¿Y cuánto es 5 x 7?" De vuelta, todos dicen: "35". Es gratificante porque el curso completo responde correctamente las preguntas. Pero la trampa reside en que no se les enseñó lo único que los chicos no sabían, el camino. ¿Por qué empezar por 5 x 3 y después hacer 5 x 7, y no al revés? ¿Cómo se combina esta información y cómo se establece un plan de ruta para poder resolver los pasos de la cuenta compleja 173 x 75? Este es el mismo error del diálogo socrático. El esclavo de Menón probablemente nunca hubiese dibujado la diagonal por sí mismo. El gran secreto para resolver este problema no está en darse cuenta, una vez dibujada la diagonal, cómo contar los cuatro triángulos. La clave está en cómo hacer para que se nos ocurra que la solución requería pensar en la diagonal. El error pedagógico es llevar la atención a los fragmentos del problema que ya estaban resueltos.

En China, en cambio, para aprender a multiplicar 173 x 75, la maestra pregunta: "¿Cómo les parece que se resuelve? ¿Por dónde empezamos?". De esta forma, primero, los saca de su zona de confort, indaga algo que los alumnos no conocen. Segundo, los lleva al esfuerzo y, eventualmente, a que se equivoquen. Los dos métodos de enseñanza coinciden en que construyen sobre preguntas. Pero uno indaga sobre los fragmentos ya conocidos y el otro, sobre el camino que une los fragmentos.

ANDAMIOS DEL APRENDIZAJE

En nuestra indagación de las respuestas contemporáneas al diálogo de Menón descubrimos algo extraño. Aquellos que seguían el diálogo a rajatabla aprendían menos. En cambio, los que se salteaban preguntas aprendían más. Lo extraño es que más enseñanza —más recorrido en el diálogo— decante en menos aprendizaje. ¿Cómo se resuelve este enigma?

Encontramos la respuesta en un programa de investigación llevado a cabo por la psicóloga y educadora Danielle McNamara para descifrar qué determina si un texto es comprensible o no. Su proyecto, de una influencia gigantesca en el plano académico y en la práctica educativa, muestra que las variables más pertinentes no son las que uno intuye, como la atención, la inteligencia o el esmero. Lo más decisivo, en cambio, es lo que el lector ya sabía sobre el tema antes de empezar.

Esto nos llevó a un razonamiento muy distinto del que cualquiera de nosotros esbozaría naturalmente en el aula; el aprendizaje no falla por distracción o falta de atención. Por el contrario, el que no tiene de antemano los recursos para esbozar por sí mismo el camino de la solución puede seguir cada parte del diálogo con muchísima concentración, pero la atención estará en cada paso, estará en el árbol y no en el bosque. Con Andrea esbozamos, entonces, una hipótesis que parece paradójica: los que más atienden, menos aprenden. Para examinarla hicimos un experimento pionero, el primer registro simultáneo de la actividad cerebral mientras una persona enseña y otra aprende.

Los resultados fueron categóricos y conclusivos. Aquellos que menos aprendían activaban más la corteza prefrontal, es decir, se esforzaban más. A tal punto que, midiendo la actividad cerebral durante el diálogo, podíamos predecir si luego un alumno iba a pasar el examen. Así pudimos demostrar que, efectivamente, los que más atienden, menos aprenden.

Esta conclusión es robusta, pero hay que tomarla con cuidado. Por supuesto, no siempre es cierto que más atención supone aprender menos. A igual conocimiento previo, más atención es mejor. Pero en este diálogo —y en tantos otros en la escuela— sucede que el esfuerzo está inversamente relacionado con el conocimiento previo. El que tiene menos conocimiento sigue el diálogo paso por paso, en detalle. En cambio, el que puede saltar porciones enteras es porque ya conoce muchos de los fragmentos. El camino se aprende bien solo cuando uno puede caminarlo, sin necesidad de atender a cada paso.

Esta idea tiene un vínculo estrecho con el concepto de *zona de desarrollo próximo* introducido por el gran psicólogo ruso Lev Vygotsky y que tanta mella hizo en la pedagogía. Vygotsky argumentó que tiene que haber una distancia razonable entre lo que el alumno puede hacer por sí solo y aquello que le exige un mentor. Hacia el final del capítulo revisitaremos esta idea al ver cómo se puede achicar la brecha entre docentes y alumnos si los chicos mismos ofician de mentores. Pero ahora nos metemos de lleno en la otra ventana que se abre en el análisis minucioso del diálogo socrático, el aprendizaje, el esfuerzo y el abandono de la zona de confort.

EL ESFUERZO Y EL TALENTO

Intuimos que los pocos que llegan a tocar la guitarra como Prince[4] lo logran por cierta mescolanza de factores biológicos y sociales. Pero este concepto tan general debería desgranarse para entender cómo interactúan estos elementos y, sobre todo, cómo utilizar este conocimiento para aprender y enseñar mejor.

Una idea muy arraigada es que el factor genético condiciona el máximo de destreza que cada uno puede alcanzar. O sea, cualquiera puede aprender música o fútbol hasta cierto nivel, pero solo algunos virtuosos pueden llegar ahí donde llegan João Gilberto[5] o Lionel Messi. Los grandes talentos nacen, no se hacen. Fueron tocados por una varita, tienen un *don*.

Esta idea tan propia del sentido común fue acuñada y esbozada por Francis Galton; la trayectoria educativa es parecida para todos, pero el techo depende de una predisposición biológica. El ejemplo más claro aparece cuando la predisposición corresponde a un rasgo corporal. Por ejemplo, para ser un jugador de altísima gama de básquet conviene ser alto. Difícil ser un gran tenor sin haber nacido con un aparato vocal adecuado.

---

[4] Por ejemplo, Prince.

[5] En *Pra ninguém*, Caetano Veloso enumera los fragmentos de la música que más lo conmueven. Y luego dice: "Mejor que todo eso, solo el silencio. Y mejor que el silencio, solo João".

La idea de Galton es simple e intuitiva pero no coincide con la realidad. Al indagar minuciosamente en el aprendizaje de los grandes expertos, evitando la tentación de sacar conclusiones generales típicas de fábulas y mitos, resulta que las dos premisas del argumento de Galton están mal. El límite superior del aprendizaje no es tan genético, ni el camino hacia el límite superior, tan poco genético. La genética está en las dos partes y en ninguna de manera tan decisiva.

Las formas del aprendizaje

El gran neurólogo Larry Squire esbozó una taxonomía que divide los aprendizajes en dos grandes categorías. El aprendizaje *declarativo* es consciente y puede ser contado en palabras. Un ejemplo paradigmático es aprender las reglas de un juego; una vez aprendidas las instrucciones, se puede enseñarlas (declararlas) a un nuevo jugador. El aprendizaje *no declarativo* incluye destrezas y hábitos que suelen lograrse de manera inconsciente. Son formas del conocimiento que difícilmente puedan hacerse explícitas en forma de lenguaje como para explicárselas a otra persona.

Las formas más implícitas del aprendizaje son, de hecho, tan inconscientes que ni siquiera reconocemos que había algo que aprender. Por ejemplo, aprender a ver. Logramos identificar fácilmente que una cara expresa una emoción pero somos incapaces de *declarar* este conocimiento para hacer máquinas que puedan emular este proceso. Lo mismo sucede al aprender a caminar o mantener el equilibrio. Estas facultades están tan incorporadas que parece que siempre hubieran estado ahí, que nunca las hubiéramos aprendido.[6]

---

[6] La inversión de esta naturalidad de la mirada tiene fuerza poética. Eduardo Galeano escribió: "Y fue tanta la inmensidad del mar, tanto su fulgor, que el niño quedó mudo de hermosura. Y cuando por fin consiguió hablar, temblando, tartamudeando, pidió a su padre: —¡Ayúdame a mirar!".

Estas dos categorías son útiles para explorar el vasto espacio del aprendizaje. Sin embargo, es igual de importante entender que son indefectiblemente abstracciones y exageraciones; casi todos los aprendizajes de la vida real tienen algo de declarativo y algo de implícito.

Se suele considerar que el aprendizaje implícito se logra trabajando y trabajando, y el declarativo, mediante una sola explicación clara y concisa. Antes, al revisar el diálogo de Menón, vimos que esta distinción resulta mucho más confusa y menos marcada de lo que se presupone. Y, de la misma manera, el aprendizaje implícito tiene algo de declarativo. Aprender a andar es básicamente implícito. Sin embargo, hay muchos aspectos de la marcha que se pueden controlar de manera consciente. Lo mismo sucede con la respiración, fundamentalmente, un proceso inconsciente. Es razonable que así sea. No parece sensato delegar, al despistado albedrío de cada uno, algo cuyo olvido sería fatal. Pero, hasta cierto punto, podemos controlar la respiración de manera consciente, su ritmo, su volumen, su flujo. Es interesante que la respiración, justo entre lo consciente y lo inconsciente, sea de hecho una suerte de puente universal de prácticas meditativas y otros ejercicios para aprender a dirigir la conciencia hacia lugares novedosos.

Establecer este puente entre lo implícito y lo declarativo resulta, como veremos, una variable clave para todas las formas de aprendizaje. Empecemos ahora con un concepto fundamental para entender hasta dónde podemos mejorar. Se trata del *umbral OK*, el umbral donde todo está bien.

EL UMBRAL OK

Quien aprende a escribir en el teclado lo hace al principio mirando y buscando con la mirada cada letra, con gran esfuerzo y concentración. Como el esclavo de Menón, atiende cada paso. Tiempo después, sin embargo, parece que los dedos tuviesen vida propia. Mientras escribimos, el cerebro está en otro lado, reflexionando acerca del texto, hablando con otra persona o soñando. Lo curioso es que, una vez alcanzado este nivel, pese a escribir horas y horas, ya no mejoramos. Es decir que la curva de aprendizaje crece hasta un valor en el cual se estabiliza. La mayoría de las personas alcanza velocidades cercanas a las 60 palabras por minuto. Pero este valor, por supuesto, no es el mismo para todos; el récord mundial lo tiene Stella Pajunas, que logró teclear al extraordinario ritmo de 216 palabras por minuto.

Esto parece confirmar el argumento de Galton, quien sostenía que cada uno llega a su propio techo constitutivo. Sin embargo, haciendo ejercicios metódicos y esforzados para aumentar la velocidad, cualquiera puede mejorar sustancialmente. Lo que sucede es que nos estancamos muy lejos del máximo rendimiento, en un punto en que nos beneficiamos de lo aprendido pero no generamos más aprendizaje, una zona de confort en la que encontramos un equilibrio tácito entre el deseo por mejorar y el esfuerzo que esto requiere. A este punto se lo llama *umbral OK*.

LA HISTORIA DE LA VIRTUD HUMANA

Lo que ejemplificamos con la velocidad para teclear sucede con casi todo lo que aprendemos en la vida. Un ejemplo, por el que casi todos pasamos, es la lectura. Luego de años de intenso esfuerzo escolar, muchos logran leer rápidamente y con poco esfuerzo. A partir de ahí leemos libros y más libros. Somos usuarios de este aprendizaje sin aumentar la velocidad de lectura. Sin embargo, si cualquiera de nosotros volviera a pasar por un proceso metódico y esforzado, podría incrementar significativamente la velocidad sin perder comprensión en el camino.

La trama del aprendizaje en el ciclo de vida de una persona se replica en la historia de la cultura. A principios del siglo XX, algunos deportistas lograron la hazaña extraordinaria de correr una maratón en menos de dos horas y media. Hoy, ese tiempo no alcanza para clasificar a la cita olímpica. Esto no es propio del deporte, por supuesto. Algunas composiciones de Tchaikovsky eran técnicamente tan difíciles que en su época no fueron interpretadas. Los violinistas de ese momento pensaban que era imposible ejecutarlas. Hoy siguen siendo desafiantes pero están al alcance de muchos intérpretes.

¿Por qué ahora logramos proezas que hace años eran imposibles? ¿Acaso, como sugiere la hipótesis de Galton, cambiamos nuestra constitución, tenemos otros genes? Por supuesto que no. La genética de la humanidad, en estos setenta años, es esencialmente la misma. ¿Pasa entonces porque cambió radicalmente la tecnología? La respuesta también es no. Quizá sea válido como argumento para algunas disciplinas, pero un maratonista con zapatillas de hace cien años —y aun sin ellas— hoy puede lograr tiempos que antes eran imposibles. Del mismo modo, un violinista hoy puede ejecutar las obras de Tchaikovsky con instrumentos de aquella época.

Esta es una estocada definitiva al argumento de Galton. El límite del desempeño humano no es genético. Un violinista hoy logra tocar aquellas obras porque les puede dedicar más horas, porque cambia el punto en que siente que la meta está cumplida y porque dispone de mejores procedimientos. Una buena noticia, quiere decir que podemos construir sobre estos ejemplos para llevar la destreza a lugares que se nos hacían inconcebibles.

GARRA Y TALENTO: LOS DOS ERRORES DE GALTON

Cuando juzgamos a un deportista solemos separar la garra del talento como si se tratara de dos sustratos distintos. Están los Roger Federer —y los Maradona— que tienen talento y los Rafael Nadal —y los Maradona— que dejan el cuerpo y el alma. La admiración por el talentoso no es empática. Se trata de un respeto desde la distancia que denota la admiración por esa suerte de don, de privilegio divino. La garra, en cambio, nos resulta más humana porque está asociada con la voluntad y la sensación de que todos podemos alcanzarla. Esta es la intuición de Galton; el don, el techo puesto por el talento, es constitutivo, y la garra, el camino para progresar en la maraña del aprendizaje, está disponible para todos. Las dos conjeturas están mal.

De hecho, la capacidad de *dejar el alma* quizá sea uno de los elementos más determinados por la constitución genética. Esto no quiere decir que no sea modificable, solo que se trata de un rasgo mucho más resistente al cambio. Los entrenadores saben que hay algunos elementos, como la resistencia física, muy fáciles de modificar. Otros, como la velocidad, cambian en un rango mucho más pequeño y con mucho más trabajo. La garra y, en general, el temperamento se parecen mucho más a la velocidad que a la resistencia.

El temperamento es un término vasto que define rasgos de la personalidad que incluyen la emotividad y la sensibilidad, la sociabilidad, la persistencia y el foco. A mediados del siglo XX, la psiquiatra infantil neoyorquina Stella Chess y su marido Alexander Thomas dieron comienzo a un estudio maratónico que sería un hito en la ciencia de la personalidad. Como en una película de Richard Linklater, siguieron minuciosamente el devenir de cientos de chicos de distintas familias desde el día que nacieron hasta la adultez. Midieron en ellos nueve rasgos de temperamento:

1) El nivel y tono de la actividad.
2) El grado de regularidad en la comida, el sueño y la vigilia.
3) La disposición a lo nuevo.
4) La adaptabilidad a cambios en el medio.
5) La sensibilidad.
6) La intensidad y el nivel de energía de las respuestas.

7) El estado de ánimo —alegre, proclive a llorar, agradable, mal-humorado o amistoso.
8) El grado de distracción.
9) La persistencia.

Encontraron que si bien estos rasgos no eran inmutables, al menos persistían llamativamente a lo largo del desarrollo. Y, más aún, se expresaban de manera precisa en los primeros días de vida. En los últimos cincuenta años, el estudio fundacional de Chess y Thomas ha continuado con una multitud de variaciones. La conclusión resulta siempre la misma, una porción significativa de la varianza —entre 20 y 60 por ciento— de temperamento se explica por el paquete de genes que portamos.

Si los genes explican *grosso modo* la mitad de nuestro temperamento, la otra mitad la explican el ambiente y el caldo social en los que un chico se desarrolla. Pero ¿qué elementos específicos del ambiente? De casi todas las variables cognitivas, el factor más decisivo es el hogar en que un chico crece. Por eso los hermanos se parecen; no solo porque portan genes parecidos sino porque además se forman en el mismo terreno de juego. El temperamento es una excepción. Diferentes estudios sobre adopciones y mellizos muestran que el hogar contribuye muy poco al desarrollo del temperamento. La observación resulta contundente pero no es intuitiva.

Un ejemplo conciso puede ayudar a resolver esta tensión. Entre los rasgos constitutivos del temperamento está la predisposición a compartir. En una versión infantil de un juego económico se estudió la predisposición de los niños a optar, quedarse con dos juguetes o repartirlos equitativamente con un amigo. En diversas culturas, distintos continentes y diferentes estratos socioeconómicos se repite un resultado extraordinario, el hermano menor suele estar menos predispuesto a compartir. En retrospectiva, parece natural; el pequeño se forjó en la escuela de "el que no llora, no mama". En cuanto toma algo, lo guarda para sí en esa selva de depredadores mayores. Cualquier padre que tenga más de un hijo reconoce que la ansiedad, la fragilidad y sobre todo el desconocimiento en que se cría un primer hijo no se repiten. De ahí que el temperamento no se cocine en el hogar sino en otros peloteros de la vida.

En resumen, aunque parezca que depende de la voluntad, la tenacidad y la persistencia —es decir, ser Nadal—, está fuertemente ligado a la constitución biológica. Hay un sistema de motivación fundamental en el devenir del aprendizaje, solo parcialmente modificable por nuestra voluntad.

Ahora nos toca derribar el mito contario. Lo que percibimos como talento no es un don innato sino, casi siempre, fruto del trabajo. Tomemos un caso paradigmático para defender el argumento, el oído absoluto, la habilidad de reconocer una nota musical sin ninguna referencia. Entre la lista de célebres virtuosos están Mozart, Beethoven y Charly García. El oído absoluto es uno de los casos más difundidos del don.[7] Se trataría de los *X-Men* de la música, agraciados con algún paquete genético que les da esta virtud tan insólita. Una vez más, bello pero no cierto. O más bien, mito.

El oído absoluto se entrena, y cualquiera puede lograrlo. La mayoría de los chicos tiene un oído *casi* absoluto. El tema es que, cuando no se ejercita, se atrofia. De hecho, los chicos que empiezan temprano el conservatorio musical tienen una incidencia muy alta de oído absoluto. Una vez más, no es genio sino trabajo. Diana Deutsch, una de las investigadoras más exquisitas en el puente entre cerebro y música, hizo un hallazgo extraordinario, la gente que vive en China y en Vietnam tiene mucha más predisposición al oído absoluto. ¿Cuál es el origen de esta extrañeza? Resulta que en chino mandarín y cantonés, y también en vietnamita, las palabras cambian de significado según el tono. Así, por ejemplo, en mandarín el sonido "ma" pronunciado

[7] *El Quijote* es otro.

en distintos tonos significa madre o caballo y, por si esto no fuera suficientemente confuso, también significa marihuana. Esto quiere decir que el tono tiene un valor absoluto —tanto como la nota fa es distinta de re o de sol— y que aprender esta relación entre un tono particular y el significado que representa tiene una gran motivación en China —para distinguir madre de caballo, por ejemplo— pero no en casi cualquier otro lugar del mundo. Ergo, la motivación y la presión que impone el lenguaje se extienden a la música en algo que termina siendo mucho menos sofisticado y menos revelador de genes y genios que lo que parece.

La zanahoria fluorescente

Mientras hacía mi doctorado en Nueva York, con un grupo de amigos nos entretuvimos practicando un juego absurdo. Se trataba de controlar la temperatura de la punta del dedo. No era la virtud más esplendorosa del mundo pero demostraba un principio importante, podíamos regular a voluntad aspectos de la fisiología que parecían inaccesibles. Éramos, en la fantasía de aquel momento, alumnos de Charles Xavier en la escuela de jóvenes talentos.

Con un termómetro en la punta del dedo, yo observaba que la temperatura fluctuaba entre 31 y 36 grados. Entonces me proponía subir la temperatura. A veces esto sucedía y otras tantas no. Estas variaciones eran espontáneas y al azar y, por lo tanto, no podía controlarlas. Sin embargo, después de dos o tres días de práctica sucedió algo asombroso. Logré manejar el termómetro a voluntad, aunque de manera algo imprecisa. Dos días después, el control era perfecto. Con solo pensarlo, controlaba la temperatura en la punta del dedo. Cualquier persona puede hacerlo. Se vuelve un poco misterioso este aprendizaje porque no es declarativo. Es probable que haya aprendido a relajar la mano, con eso cambiar el flujo sanguíneo y así controlar la temperatura. Pero no podía ni puedo explicar precisamente con palabras qué fue exactamente lo que aprendí.

Este juego inocente revela un concepto fundamental para muchos de los aprendizajes del cerebro. Por ejemplo, un bebé se propone como objetivo alcanzar algo pero no puede hacerlo porque todavía no están conectados los circuitos motores neuronales con los músculos de su brazo. Entonces ensaya, sin ningún registro consciente, un gran repertorio de comandos neuronales. Algunos, por casualidad, resultan efectivos. Este es el primer punto clave, para seleccionar los comandos eficaces se debe visualizar sus consecuencias.

Es el estadio equivalente al control impreciso de la temperatura del dedo con dos días de práctica. Luego este mecanismo se refina y ya no se ensayan todos los comandos neuronales. Para aquellos que fueron seleccionados, el cerebro genera una expectativa de éxito, lo que nos permite simular las consecuencias de nuestras acciones sin tener que ejecutarlas, como el jugador de fútbol que no corre la pelota porque sabe que no la alcanzará.

Y ahí está el segundo punto clave del aprendizaje conocido como el error de predicción, que vimos en el segundo capítulo. El cerebro calcula la diferencia entre lo esperado y lo que de hecho se consigue. Este algoritmo permite refinar el programa motor y con eso lograr un control mucho más fino de las acciones. Así aprendemos a jugar al tenis o a tocar un instrumento. Tan eficaz es este mecanismo de aprendizaje que se convirtió en moneda corriente en el mundo de los autómatas y la inteligencia artificial. Un dron literalmente aprende a volar, o un robot a jugar al ping-pong, utilizando este procedimiento tan sencillo como efectivo.

Así también podemos aprender a controlar con el pensamiento todo tipo de dispositivos. En un futuro no tan lejano, la proyección de este principio va a generar un hito en la historia de la humanidad. Ya no será necesario el cuerpo para oficiar de intermediario. Bastará con querer llamar a alguien para que un dispositivo decodifique el gesto y lo ejecute sin manos o voces, sin cuerpo que lo medie. De la misma manera, podremos extender el paisaje sensorial. El ojo humano no es sensible a los colores más allá del violeta, pero no hay ningún límite esencial a esto. Las abejas, por ejemplo, ven en ese rango. Los murciélagos y los delfines también escuchan sonidos que para nosotros son inaudibles. Nada impide que conectemos sensores electrónicos capaces de detectar esta porción vasta del universo que hoy es opaca a nuestros sentidos. También podremos impregnarnos de nuevos sentidos. Aprender, por ejemplo, a sensar una brújula directamente conectada al cerebro para *sentir* el norte tal como hoy sentimos el frío. El mecanismo para lograrlo es esencialmente el mismo que el que describí para el juego inocuo de la temperatura del dedo. Solo cambia la tecnología.

Este procedimiento de aprendizaje necesita imperativamente poder visualizar las consecuencias de cada instrucción neuronal. Por lo tanto, acrecentando el rango de cosas que visualizamos, logramos también ampliar aquellas que aprendemos a controlar. No solo de dispositivos externos sino también del mundo interno, de nuestro propio cuerpo.

Manejar a voluntad la temperatura en la punta del dedo es sin duda un ejemplo nimio de este principio, pero sienta un precedente extraordinario. ¿Acaso podremos entrenar el cerebro para que controle aspectos de nuestro cuerpo que parecen completamente ajenos a la conciencia y a la esfera de la voluntad? ¿Qué tal si pudiéramos visualizar el estado del sistema inmune? ¿Qué tal si pudiéramos visualizar los estados de euforia, de felicidad o de amor?

Aventuro que podremos mejorar la salud cuando logremos visualizar aspectos de nuestra fisiología que hoy nos resultan invisibles. Esto ya sucede en dominios muy puntuales. Por ejemplo, en la actualidad es posible visualizar el patrón de actividad cerebral que corresponde a un estado de dolor crónico y, a partir de esta visualización, controlarlo y amainarlo. Quizás este procedimiento llegue mucho más lejos, y logremos regular nuestro sistema de defensa para superar enfermedades que parecían insuperables. Hay un lugar fértil hacia donde apuntar la investigación para que el mecanismo de las curas, que hoy parecen milagrosas, se visualice y con ello pueda estandarizarse.

LOS GENIOS DEL FUTURO

El mito del talento genético está fundado en rarezas y excepciones; en fotos e historias que muestran a genios precoces con sus caras cándidas de niños codeándose con grandotes de la elite mundial. Los psicólogos William Chase y Herbert Simon demolieron este mito al indagar con lupa fina la progresión de los grandes genios del ajedrez. Ninguno lograba un nivel de destreza altísimo sin antes haber completado unas diez mil horas de entrenamiento. Lo que se percibía como genialidad precoz era, en realidad, un entrenamiento intensivo desde la infancia.

El círculo vicioso funciona más o menos así, los padres del pequeño X se convencen, en alguna coincidencia azarosa, de que su hijo es virtuoso para el violín (por algo lo llamaron X), le dan confianza y motivación para practicar y, por lo tanto, X mejora mucho, tanto que parece talentoso.[8] Suponer talento en alguien es una manera efectiva de lograr que lo tenga. Parece una profecía autocumplida. Pero es bastante más sutil que la mera configuración psicológica de "me lo creo, ergo, lo soy". La profecía produce una cascada de procesos que catalizan el aspecto más difícil del aprendizaje, aguantar el tedio del esfuerzo de la práctica deliberada.

Todo esto se estrola contra las excepciones más excepcionales. ¿Qué hacemos con lo que parece obvio? Por ejemplo, que Messi ya

---

[8] Conforme mejora y pone su energía en el violín, se despreocupa de otras actividades. Deja el fútbol, por ejemplo, donde lo tratan como a un X cualquiera.

era un genio indiscutible de la pelota desde su tierna infancia. ¿Cómo acomodamos el análisis minucioso del desarrollo de los expertos con lo que la intuición nos dicta?

En primer lugar, el argumento del esfuerzo no niega que exista cierta condición constitutiva.[9] Pero, además, creer que a los ocho años no era un experto es el principio del error. Messi a esa edad ya tenía más fútbol que la mayoría de las personas del planeta. La segunda consideración es que hay cientos —miles— de niños que hacen cosas extraordinarias con la pelota. Ninguno de ellos, más bien solo uno, llegó a ser Messi. El error está en presuponer que se puede predecir cuáles niños serán los genios del futuro. El psicólogo Anders Ericsson, siguiendo minuciosamente la formación de virtuosos de distintas disciplinas, mostró que es casi imposible predecir el límite máximo a partir del desempeño en los primeros pasos. Esta última estocada a casi toda nuestra intuición acerca del talento y el esfuerzo resulta muy reveladora.

El experto y el novato utilizan sistemas de resolución y circuitos cerebrales completamente distintos, como veremos. Para aprender a hacer algo con destreza no se trata de mejorar la maquinaria cerebral con la que lo resolveríamos originariamente. La solución es mucho más radical. Se trata de reemplazarla por otra con mecanismos e idiosincrasias bien distintas. La primera pista para alcanzar esta idea viene del célebre estudio que Chase y Simon hicieron en los ajedrecistas expertos.

Una práctica circense de los grandes ajedrecistas consiste en jugar partidas simultáneas y a ciegas. Algunos son capaces de proezas extraordinarias. El ajedrecista Miguel Najdorf jugó en 45 tableros distintos, de manera simultánea, con los ojos vendados. Ganó treinta y

---

[9] Como Manu Ginóbili, con esa altura, para el básquet; o como X, con ese nombre, para el violín.

nueve partidos, hizo tablas en cuatro y perdió dos. Así batió el récord del mundo de partidas simultáneas.

(Pocos años antes había viajado a la Argentina para participar en una olimpíada de ajedrez representando a Polonia. No pudo volver. Tampoco pudieron salir de Polonia su mujer, su hijo, sus padres ni sus cuatro hermanos. Todos murieron en un campo de concentración. En 1972, Najdorf contó las razones de su gesta: "No lo hice como un truco o una gracia. Tenía la esperanza de que esta noticia llegara a Alemania, Polonia y Rusia, y que algún familiar la leyese y me contactara". Pero nadie lo hizo. Las grandes gestas humanas son, en última instancia, una lucha contra la soledad.)[10]

Se movían 1.440 piezas en 45 tableros; 90 reyes, 720 peones. Najdorf seguía todas al unísono para comandar sus 45 ejércitos, la mitad blancos y la mitad negros, con los ojos vendados. Se trataba, por supuesto, de una memoria extraordinaria, de una persona muy especial, única, con un don. ¿O no?

Un gran maestro, con solo ver durante unos pocos segundos el diagrama de una partida de ajedrez, puede reproducirla a la perfección. Sin hacer ningún esfuerzo, como si sus manos fueran solas, puede colocar las piezas exactamente donde indicaba el diagrama. Frente a este mismo ejercicio, una persona no versada en el ajedrez apenas recordaría la posición de dos o tres piezas. Pareciera que, en efecto, los ajedrecistas tienen mucha más memoria. Pero no es así.

Chase y Simon demostraron esto utilizando diagramas con piezas repartidas al azar en el tablero. En estas condiciones, los maestros recordaron, al igual que el resto, unas pocas piezas. El ajedrecista no tiene una memoria extraordinaria sino la capacidad de armar

[10] El nieto de Najdorf me contó que don Miguel reencontró a solo uno de sus primos. Fue de casualidad. En un subte de Nueva York reconocieron mutuamente su similitud y su cercanía, empezaron una conversación y descubrieron el parentesco.

una trama —visual o hablada— para un problema abstracto. Este hallazgo no vale solo para el ajedrez, es cierto para cualquier otra forma de conocimiento humano. Por ejemplo, cualquiera puede recordar una canción de los Beatles pero difícilmente se acuerde de una secuencia formada por las mismas palabras presentadas de forma desordenada. *Ahora probá recordar esta misma frase que pese a ser larga no es compleja.* Y esta: *frase pese misma larga a que ser compleja probá ahora no recordar es esta.* La canción es fácil de recordar porque el texto y la música tienen una trama. No recordamos palabra por palabra sino el camino que forman.

Heredando la posta de Sócrates y Menón, Chase y Simon dieron con la llave para fundar el camino hacia la virtud. Y el secreto, veremos, consiste en reciclar viejos circuitos del cerebro para que puedan adaptarse a nuevas funciones.

EL PALACIO DE LA MEMORIA

La destreza mnemónica suele confundirse con la genialidad. Quien hace malabares con las manos es hábil, pero el que los hace con la memoria parece un genio. Y sin embargo, no son tan distintos. Se aprende a desarrollar una memoria prodigiosa como a jugar al tenis, con la receta que ya vimos, práctica, esfuerzo, motivación y visualización.

En tiempos en que los libros eran objetos raros, la propagación de todos los relatos se hacía por vía oral. Para que una historia no se desvaneciera era necesario utilizar el cerebro como repositorio de la memoria. Así, por necesidad, muchos hombres fueron avezados memoristas. La técnica mnemónica más popular, llamada "El palacio de la memoria", se forjó en aquellas épocas. Se le atribuye a Simónides, el poeta griego de la isla de Ceos. La fábula cuenta que Simónides fue, de manera fortuita, el único sobreviviente del colapso de un palacio en Tesalia. Los cuerpos fueron mutilados, lo que hacía casi imposible reconocerlos y poder enterrarlos propiamente. Solo contaban con su relato. Y Simónides descubrió, con cierta sorpresa, que podía rememorar vívidamente el lugar preciso adonde estaba cada uno de los comensales. En la tragedia había descubierto una fantástica técnica, el palacio de la memoria. Entendió que podía recordar cualquier lista arbitraria de objetos si los visualizaba en su palacio. Así, de hecho, empieza la historia moderna de la mnemotecnia.

Con su hallazgo, Simónides identificó un rasgo idiosincrático de la memoria humana. La técnica funciona porque todos tenemos una memoria espacial fabulosa. Basta pensar en la cantidad de mapas y recorridos (de rutas, casas, colectivos, ciudades o edificios) que podemos evocar sin esfuerzo. Esta semilla de un descubrimiento hizo cima en 2014, cuando John O'Keefe y el matrimonio noruego May-Britt y Edvard Moser ganaron el Premio Nobel de Medicina por descubrir un sistema de coordenadas en el hipocampo, que articula esta formidable memoria espacial. Se trata de un sistema ancestral todavía más afinado en roedores pequeños —extraordinarios navegadores— que en nuestro cerebro de mastodonte. Orientarnos en el espacio nos ha sido necesario desde que habitamos el planeta. No así recordar las capitales de los países, los números y otras cosas para las cuales el cerebro *no evolucionó*.

Aquí aparece una idea importante. Una manera idónea de adaptarse a necesidades inéditas de nuestra cultura es reciclar estructuras del cerebro que evolucionaron en otros contextos, cumpliendo otras funciones. El ejemplo del palacio de la memoria es muy paradigmático. Recordar números, nombres o listas de supermercado nos cuesta a todos. Pero, en cambio, recordamos fácilmente cientos de calles, los recovecos de la casa paterna o las de nuestros amigos de la infancia. El secreto del palacio de la memoria es establecer un puente entre estos dos mundos, lo que queremos pero es difícil de recordar y el espacio, donde nuestra memoria se desenvuelve como pez en el agua.

▓ Leé esta lista y tomá treinta segundos para intentar recordarla: *servilleta, teléfono, herradura, queso, corbata, lluvia, canoa, hormiguero, regla, mate, calabaza, pulgar, elefante, parrilla, acordeón.*
Ahora cerrá los ojos y tratá de repetirla en el mismo orden.
Parece difícil, casi imposible. Sin embargo, el que ha construido su palacio —lo que lleva unas horas de trabajo— puede recordar fácilmente cualquier lista de este tipo. El palacio puede ser abierto o cerrado, de la escala de un edificio o de una casa; luego se recorre y en cada cuarto se van ubicando, uno a uno, todos los objetos de la lista. No se trata solo de nombrarlos. En cada cuarto hay que formar una imagen vívida del objeto en ese lugar. La imagen debe ser emocionalmente fuerte, incluso sexual, violenta o escatológica. El extraordinario paseo mental, en que nos asomamos a cada cuarto y vemos las imágenes más bizarras con estos objetos en nuestro propio palacio, persistirá en la memoria mucho más que las palabras.

La memoria prodigiosa se basa, entonces, en encontrar buenas imágenes para los objetos que queremos recordar. El oficio de memorista está en algún lugar entre la arquitectura, el diseño y la fotografía, todas facetas creativas. Esto es curioso, la memoria, que percibimos como un aspecto rígido del pensamiento, resulta un ejercicio creativo.

En resumen, mejorar la memoria no significa aumentar el espacio del cajón donde se guardan los recuerdos. El sustrato de la memoria no es como un músculo que se agranda al ejercitarlo para aumentar su capacidad. Cuando la tecnología lo hizo posible, Eleanor Maguire confirmó esta premisa, indagando en la usina misma de la memoria. Descubrió que los cerebros de los grandes campeones de la memoria son anatómicamente indistinguibles de los del resto de los mortales. Tampoco son más *inteligentes* ni más memoriosos fuera del dominio que han estudiado, al igual que los ajedrecistas virtuosos.

La única diferencia consiste en que los grandes memoristas utilizan estructuras espaciales de la memoria. Han logrado reciclar sus mapas espaciales para recordar objetos arbitrarios.

INFORME SOBRE LA FORMA

Una de las transformaciones más espectaculares del cerebro sucede mientras aprendemos a ver. Esto pasa tan pronto en nuestras vidas que no tenemos ningún recuerdo de cómo percibíamos el mundo antes de ver. La cuestión es que, de un chorro de luz, nuestro sistema visual logra identificar formas y emociones en una pequeñísima fracción de segundo, y lo más extraordinario, sucede sin ningún tipo de esfuerzo ni registro consciente de que hay algo que hacer. Pero convertir luz en forma es tan difícil que al día de hoy no hemos sido capaces de concebir máquinas que lo logren. Los robots van al espacio, juegan al ajedrez mejor que el más grande de los maestros y vuelan aviones, pero son incapaces de ver.

Para desgranar el sistema visual y entender cómo el cerebro logra semejante proeza, hay que encontrar sus límites, ver precisamente dónde falla. Para lograrlo, veamos un ejemplo simple pero elocuente. Cuando se trata de pensar cómo vemos, una imagen definitivamente vale más que mil palabras.

Los dos objetos de la siguiente figura son muy parecidos. Y ambos, por supuesto, son muy fáciles de reconocer. Pero cuando se sumergen en un mar de trazos pasa algo bastante extraordinario. El cerebro visual funciona de dos maneras completamente distintas. Resulta imposible no ver el objeto de la derecha, es como si fuese de otro color, como si literalmente saliese a otro plano. En inglés se lo llama onomatopéyicamente *pop-out*. Con el objeto de la izquierda pasa algo distinto. Vemos los trazos que forman la serpiente con mucho esfuerzo, y la percepción es lábil; cuando estamos concentrados en una parte, el resto se esfuma y se funde en la textura.

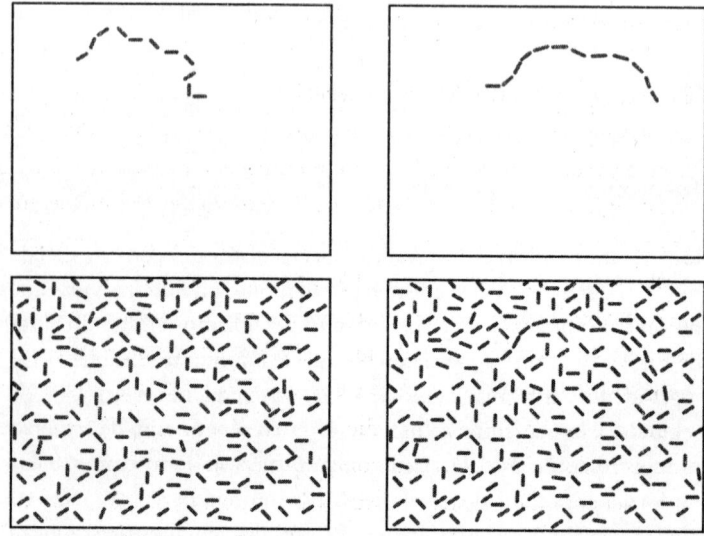

Podemos pensar al objeto que vemos fácilmente como una melodía en que las notas se suceden y se perciben naturalmente como un todo. Al otro, en cambio, como si fuesen notas al azar. Al igual que la música, el sistema visual tiene reglas que definen cómo organizamos una imagen y que condicionan lo que percibimos y recordamos. Cuando un objeto se agrupa naturalmente, sin esfuerzo y de manera integrada, se dice que es *gestaltiano*, por el grupo de psicólogos que a principios del siglo XX descubrió las reglas mediante las cuales el sistema visual construye forma. Estas reglas, como las del lenguaje, se aprenden.

Veamos cómo funciona esto en el cerebro. ¿Acaso podemos entrenar y modificar el cerebro para que detecte cualquier objeto de manera casi instantánea y automática? Respondiendo a esta pregunta, vamos a construir una teoría sobre el aprendizaje humano.

UN MONSTRUO DE PROCESADORES LENTOS

La mayoría de las computadoras actuales, hechas de silicio, funciona con unos pocos procesadores. Cada procesador puede hacer una única cosa en cada tiempo. Por lo tanto, nuestras computadoras calculan muy rápido, pero una cosa a la vez. El cerebro, en cambio, es una máquina *masivamente paralela*; es decir, hace de manera simultánea millones y millones de cálculos. Quizás este sea uno de los aspectos más distintivos del cerebro humano y, en gran medida, permite que resolvamos de manera tan rápida y efectiva cosas que todavía no hemos sido capaces de delegar a computadoras de pocos procesadores. De hecho, uno de los esfuerzos más intensos en la ciencia de la computación es desarrollar computadoras masivamente paralelas. Esto tiene dos dificultades esenciales; la primera es simplemente encontrar la forma de producir semejante cantidad de procesadores de manera económica, y la segunda, lograr que todos estos compartan información.

En una computadora paralela, cada procesador atiende su juego. Pero el resultado de todo este trabajo colectivo tiene que ser coordinado. Uno de los aspectos más misteriosos del cerebro es cómo logra unir toda la información procesada en paralelo. Esto está profundamente ligado a la conciencia. Por eso, si entendemos cómo el cerebro integra información que calcula masivamente, estaremos mucho más cerca de develar la mecánica de la conciencia. Además, habremos descubierto cómo aprender.

El secreto del virtuosismo está en poder reciclar esta maquinaria paralela masiva para que se ajuste a nuevas funciones. El gran matemático *ve* matemática. El gran ajedrecista *ve* ajedrez. Y esto ocurre porque la corteza visual es la más extraordinaria máquina paralela que conocemos.

El sistema visual está compuesto de mapas superpuestos. Por ejemplo, el cerebro tiene un mapa dedicado especialmente a codificar color. En una región llamada V4[11] se forman unos módulos de aproximadamente un milímetro de tamaño —en inglés llamados *globs*—, y cada uno identifica distintos matices de color en una región muy precisa de la imagen.

La gran ventaja de este sistema es que para reconocer algo no precisa barrer secuencialmente punto por punto. Esto resulta particularmente importante en el cerebro. Los tiempos de carga de una neurona y de ruteo de información de una neurona a otra son muy lentos, lo que hace que el cerebro pueda procesar en un segundo entre tres y quince ciclos de cómputo. Esto es nada comparado con los miles de millones de ciclos por segundo de un minúsculo procesador en un teléfono celular.

El cerebro resuelve la lentitud intrínseca de su tejido biológico con un ejército casi infinito de efectivos.[12] Así que la conclusión es simple, y será la clave del enigma del aprendizaje, cualquier función que pueda resolverse en estructuras paralelas (mapas) del cerebro se hará de manera efectiva y eficiente. También será percibida como automática. En cambio, las funciones que utilizan el ciclo secuencial del cerebro se ejecutan lentamente y son percibidas con gran esfuerzo y a plena luz de la conciencia. Aprender en el cerebro es, en gran medida, *paralelizar*.

El repertorio de mapas visuales incluye movimiento, color, contraste y orientación. Algunos mapas identifican objetos más sofisticados como dos círculos contiguos. Es decir, ojos que nos miran. Por eso se produce esa sensación tan curiosa de girar la cabeza rápidamente hacia un lugar donde alguien nos estaba mirando.

---

[11] Las áreas visuales se denominan —para tranquilidad de la población— con la letra V y con un número que da una medida de su profundidad en la jerarquía de cómputo, es decir que V4 es uno de los primeros estadios de las más de 60 áreas de procesamiento visual.

[12] "They got the guns, we've got the numbers", canta Jim Morrison en "Five To One".

¿Cómo supimos que nos miraban antes de haber dirigido la mirada? Se percibe como una adivinación. La razón es, justamente, que el cerebro está explorando la posibilidad de que alguien nos mire a lo largo de todo el espacio y en paralelo, muchas veces sin registro consciente. El cerebro detecta un atributo distintivo en uno de sus mapas, genera una señal que se comunica con el sistema de atención o control motor en la corteza parietal como[13] si dijese "llevá los ojos hacia ahí porque está pasando algo importante". Estos mapas que vienen *de fábrica* son una suerte de repertorio de habilidades innatas. Son eficientes y a la vez cumplen una función muy específica. Pero pueden modificarse, combinarse y reescribirse. Y aquí está la clave del aprendizaje.

EL PEQUEÑO CARTÓGRAFO QUE TODOS LLEVAMOS DENTRO

La corteza cerebral está organizada en columnas neuronales, y cada una cumple una función específica. Eso descubrieron David Hubel y Torsten Wiesel y les valió el Premio Nobel de Fisiología, quizás el más influyente en la neurociencia. Al estudiar cómo se desarrollaban estos mapas encontraron que había *períodos críticos*. Es decir, los mapas visuales tienen un programa natural de desarrollo genético pero necesitan de la experiencia visual para consolidarse. Como un río que necesita que el agua corra para mantener su forma.

La retina, sobre todo en las primeras fases del desarrollo, genera actividad espontánea, o sea, se estimula a sí misma en plena oscuridad. El cerebro reconoce esta actividad como luz, sin distinguir si viene o no de afuera. Por lo tanto, el desarrollo por actividad empieza antes

---

[13] El "como" es estricto. La corteza visual no habla castellano con la corteza parietal. Pero sirven estas metáforas para entender la utilidad de ciertos mecanismos, siempre que no se exageren ni desvirtúen.

de que abramos los ojos. Los gatos, por ejemplo, nacen con los ojos cerrados. En realidad están entrenando su sistema visual con *luz propia*. Estos mapas se desarrollan durante la primera infancia y luego de algunos meses ya están consolidados. Un chico de un año ve *grosso modo* como un adulto.

El descubrimiento de Hubel y Wiesel confluye con otro mito: aprender ciertas cosas de adulto es una misión imposible. Vamos a revisar esta idea y a sembrar un optimismo moderado, el aprendizaje tardío es mucho más plausible que lo que uno intuye pero requiere mucho tiempo y esfuerzo. El mismo que les dedicamos a estos menesteres en la primera infancia aunque lo hayamos olvidado. A fin de cuentas, los bebés y los niños dedican horas, días, meses y años de su vida a aprender a hablar, a caminar y a leer. ¿Qué adulto deja todo para dedicarse en pleno tiempo y esfuerzo a aprender algo nuevo?

En retrospectiva, algo de esto es obvio. Aprendemos a leer a los seis años, y los radiólogos, en plena adultez, a *ver* radiografías. Estos pueden, luego de mucho trabajo, identificar fácilmente rarezas que nadie más ve. Es el resultado claro de una transformación en su corteza visual adulta. De hecho, para el radiólogo esta detección es rápida, automática y casi emocional, como cuando tenemos una respuesta de fastidio visceral ante los errores "hortograficoz". ¿Qué sucede en el cerebro que puede transformar tan radicalmente nuestra manera de percibir, representar y pensar?

TRIÁNGULOS FLUORESCENTES

La ciencia tiene algunas repeticiones curiosas. Los gestores de ideas extraordinarias y paradigmáticas son muchas veces los mismos que luego las derrumban. Torsten Wiesel, tras instalar el dogma de los períodos críticos, se juntó con Charles Gilbert, su estudiante en Harvard, para demostrar lo contario, la corteza visual sigue reorganizándose incluso en plena adultez.

Cuando llegué al laboratorio de Gilbert y Wiesel —en ese momento mudados a Nueva York— para empezar mi doctorado, ya había girado el timón del mito. Ya no se trataba de ver si el cerebro adulto aprendía, sino de precisar cómo lo hacía. ¿Qué pasa en el cerebro en el momento en que nos volvemos expertos en algo?

■ Con Charles Gilbert pensamos un experimento para poder investigar cuidadosamente esta pregunta en el laboratorio. Esto requería hacer ciertas concesiones en un proceso de simplificación. Así, en vez de estudiar expertos en radiografías, fabricamos expertos en triángulos. Algo sin duda poco meritorio como destreza u oficio pero que en el laboratorio tiene la ventaja de la simpleza. Es un simulador de un proceso de aprendizaje.

Entonces le mostramos a un grupo de personas una imagen repleta de formas que después de 200 milisegundos desaparecía como un flash. En esa maraña tenían que encontrar un triángulo. Nos miraban como si estuviésemos locos. Era imposible. Sencillamente no había tiempo para verlo.

Sabíamos que si esa prueba hubiese consistido en encontrar un triángulo rojo entre muchos azules, cualquier persona la habría resuelto fácilmente. Y sabemos por qué. Tenemos un sistema paralelo que en 80 milisegundos puede barrer el espacio al unísono para resolver una diferencia de color, pero no tenemos en la corteza visual un sistema que nos permita identificar triángulos. ¿Podremos desarrollarlo? Si esto fuera así, estaríamos abriendo una ventana para el aprendizaje.

Durante cientos de ensayos, muchos se frustraron viendo la nada. Pero luego de repetir durante horas y horas esta tarea tan aburrida pasaba algo mágico, el triángulo brillaba, como si fuese de otro color, como si no hubiese manera de no verlo. Sabemos, entonces, que con mucho trabajo podemos ver lo que antes parecía imposible. Y eso se puede lograr de adulto. La gran ventaja de este experimento es que nos permitió estudiar qué pasa en el cerebro mientras aprendemos.

EL CEREBRO PARALELO Y EL CEREBRO SERIAL

La corteza cerebral se organiza en dos grandes sistemas. Uno es el dorsal, que corresponde a lo más próximo a la prolongación de la espalda (el dorso), y el otro, el ventral, corresponde a la prolongación de la panza (vientre). En términos funcionales, esta parcelación es mucho más pertinente que la afamada división entre hemisferios. La parte dorsal incluye la corteza parietal y frontal, que *grosso modo* tienen que ver con la conciencia, con la actividad cerebral referida a la acción y con un funcionamiento del cerebro lento y secuencial. La parte ventral de la corteza cerebral está asociada con procesos automáticos, en general inconscientes, y corresponde a un modo de funcionamiento del cerebro rápido y paralelo.

Encontramos dos diferencias fundamentales en la actividad cerebral de los *expertos en triángulos*. Su corteza visual primaria —en el sistema ventral— se activaba mucho más cuando veían triángulos que cuando veían otras formas para las que no fueron entrenados. Y al mismo tiempo se desactivaban las cortezas frontal y parietal. Esto explica por qué para ellos ver triángulos ya no requiere esfuerzo. Es el sustrato cerebral de la automatización como resultado del aprendizaje. Esto no es específico de los triángulos. Una transformación parecida se observa cuando una persona se entrena para poder reconocer algo (por ejemplo, un músico que aprende a leer partituras, un jardinero que aprende a reconocer un parásito en una planta, o un técnico que se da cuenta en un segundo de que un equipo está mal parado en la cancha).

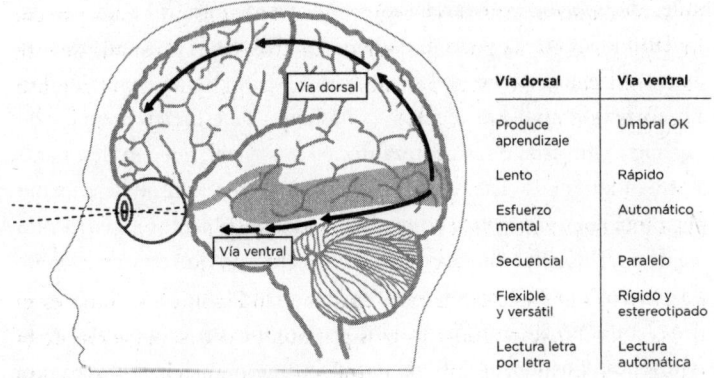

Vía dorsal	Vía ventral
Produce aprendizaje	Umbral OK
Lento	Rápido
Esfuerzo mental	Automático
Secuencial	Paralelo
Flexible y versátil	Rígido y estereotipado
Lectura letra por letra	Lectura automática

El aprendizaje: un puente entre dos vías del cerebro

La corteza se organiza en el sistema dorsal y el sistema ventral. El aprendizaje consiste en un proceso de transferencia de un sistema a otro. Cuando aprendemos a leer, el sistema lento, esforzado y que funciona "letra por letra" (sistema dorsal) es reemplazado por otro capaz de detectar palabras enteras sin esfuerzo y de manera mucho más veloz (sistema ventral). Pero cuando las condiciones no son propicias para el sistema ventral (por ejemplo, si las letras están escritas verticalmente) volvemos a utilizar el dorsal, que es lento y serial pero tiene flexibilidad para adecuarse a distintas circunstancias. En muchos casos, aprender significa liberar al sistema dorsal para automatizar un proceso y que la atención y el esfuerzo mental puedan dedicarse a otros asuntos.

EL REPERTORIO DE FUNCIONES: APRENDER ES COMPILAR

El cerebro tiene una serie de mapas en la corteza ventral que le permiten ejecutar de manera rápida y eficiente algunas funciones. Esto tiene un costo, pues los mapas son poco versátiles. La corteza parietal permite combinar la información de cada uno de estos mapas, pero es un proceso lento que lleva esfuerzo.

Sin embargo, el cerebro humano tiene la capacidad de cambiar el repertorio de operaciones automáticas. Este proceso lleva miles y miles de ensayos, y el resultado es que puede agregarse una nueva función a la corteza ventral. Podemos pensar esto como un proceso de tercerización, como si el cerebro consciente delegase esta función a la corteza ventral. Los recursos conscientes, de esfuerzo mental y de capacidad limitada de la corteza frontal y parietal, pueden destinarse a otros menesteres. Esta es una clave para un aprendizaje de enorme pertinencia en la práctica educativa, la lectura. El lector experto, que lee de corrido, sin esfuerzo, terceriza la lectura; el que está aprendiendo, no. Por eso, su conciencia está plenamente ocupada en la tarea.

El proceso de automatización es tangible en el ejemplo de la aritmética. Cuando un niño aprende a sumar 3 + 4, lo primero que hace es agregar de a uno al que ya tiene. En ese caso trabaja a pleno la corteza parietal. Pero en un punto del aprendizaje "tres más cuatro es siete" se vuelve casi un poema. El cerebro ya no suma desplazándose uno a uno sino apelando a una tabla de memoria. La suma está tercerizada. Después viene una nueva etapa. Se puede resolver 4 x 3 de una manera lenta y con esfuerzo —a cargo de la corteza parietal y frontal—: "4 + 4 es 8. Y 8 + 4 es 12". Luego se desarrolla otra tercerización, mediante la cual la multiplicación se automatiza en una tabla de memoria para proceder a cálculos más complejos.

Un proceso casi análogo explica los ejemplos de virtuosos que vimos antes. Cuando un ajedrecista resuelve problemas complicados de ajedrez, lo que se activa más distintivamente es su corteza visual. Podemos sintetizarlo diciendo que no piensa más, sino que *ve mejor*.[14] Lo mismo sucede con un gran matemático que, al resolver teoremas complicados, activa su corteza visual. Es decir, el virtuoso logró reciclar una corteza dedicada ancestralmente a identificar caras, ojos, movimiento, puntas y colores para llevarla a un dominio mucho más abstracto.

[14] Cuando al célebre maestro y campeón mundial de ajedrez José Raúl Capablanca le preguntaron cuántas jugadas calculaba, respondió: "Solo una, la mejor".

AUTOMATIZAR LA LECTURA

El principio que inferimos con los expertos en triángulos explica la que quizá sea la transformación más decisiva de la educación, convertir garabatos visuales (letras) en las voces de las palabras. Como la lectura es la ventana universal al conocimiento y a la cultura, esto le da una pertinencia especial sobre el resto de las facultades humanas.

¿Por qué empezamos a leer a los cinco años y no a los cuatro o a los seis? ¿Es mejor? ¿Conviene aprender a leer descomponiendo cada palabra en sus letras constitutivas o, al revés, leer la palabra globalmente como un todo para asociarla con su significado? Vista la pertinencia, sería deseable que esas decisiones no se tomaran desde la postura de *a mí me parece que*, sino que estuvieran construidas sobre un cuerpo de evidencia que acumulara la experiencia de años y años de práctica y el conocimiento de los mecanismos cerebrales que sustentan el desarrollo de la lectura.

Como en los otros dominios del aprendizaje, el lector experto también tiene la lectura tercerizada. El que lee mal no solo lo hace más lento; lo que más lo restringe es que su sistema de esfuerzo y concentración está puesto en la lectura y no en pensar qué significan esas palabras. Por eso a los disléxicos se los reconoce muchas veces por su déficit de comprensión en la lectura. Pero no tiene nada que ver con la inteligencia sino, simplemente, con que su esfuerzo está en otro lado. Para poder empatizar con esto, intentá recordar estas palabras mientras leés el próximo párrafo: *árbol, bicicleta, taza, ventilador, durazno, sombrero*.

A veces, leyendo en un idioma que apenas dominamos, luego de un rato descubrimos que no comprendimos nada, porque toda la atención estaba dedicada a traducir. La misma idea aplica a todo proceso de aprendizaje. Cuando alguien empieza a estudiar percusión, su concentración está en el nuevo ritmo que aprende. En algún momento ese ritmo se interioriza y automatiza, y solo entonces puede concentrarse en la melodía que flota por encima, en la armonía que lo acompaña o en otros ritmos que dialogan en simultáneo.

¿Ahora recordás las palabras? Y si las recordás, ¿de qué se trataba el párrafo anterior? Resolver ambas tareas es muy difícil porque cada una ocupa un sistema limitado en la corteza frontal y parietal. La atención se decanta por hacer malabares para que las seis palabras no se esfumen de la memoria o en seguir un texto. Raramente en ambas.

ECOLOGÍA DE LOS ALFABETOS

Casi todos los chicos aprenden el lenguaje con gran destreza. Cuando llegué a Francia —sin hablar francés— me parecía raro que una *pulga* de tres años, que no conocía nada de la filosofía de Kant ni del cálculo matemático ni de los Beatles, hablara perfectamente el francés. Y lo cierto es que a un niño también le parece un tanto extraño que un grandote sea incapaz de hacer algo tan sencillo como pronunciar correctamente una palabra. Es un buen ejemplo de un virtuosismo mental que muy poco tiene que ver con otros menesteres que asociamos con la cultura y la inteligencia.

Una de las ideas de Chomsky es que aprendemos de manera tan efectiva el lenguaje hablado porque se construye con una facultad para la cual el cerebro está preparado. Ya lo vimos, el cerebro no es una *tabula rasa*. Por el contrario, tiene ya algunas funciones establecidas, y aquellos problemas que dependen de estas se resuelven más naturalmente.

Chomsky argumentó que existen elementos comunes a todos los lenguajes hablados, y también una trama común en todos los alfabetos. Los miles de alfabetos, muchos ya en desuso, son, por supuesto, muy distintos. Pero observándolos al mismo tiempo, se detectan de inmediato algunas regularidades. La más saliente es que se construyen a partir de unos pocos trazos. Precisamente, Hubel y Wiesel ganaron su Premio Nobel por descubrir que cada neurona de la corteza visual primaria detecta si en la pequeña ventana a la que es sensible hay un trazo. Los trazos son, justamente, la base de todo el sistema visual, los ladrillos de la forma. Y los alfabetos se constituyen utilizando estos ladrillos.

Es más, al contar cuáles son los trazos más frecuentes a lo largo y ancho de todos los alfabetos de la cultura aparece una regularidad extraordinaria. En los alfabetos hay líneas horizontales y verticales, ángulos, arcos, trazos oblicuos. Y aquellos trazos que son más frecuentes en la naturaleza abundan también en los alfabetos. Sin que esto haya sido producto de un diseño deliberado o racional, los alfabetos evolucionaron para utilizar un material que se parece bastante al material visual con el que acostumbramos a lidiar. Los alfabetos usurpan elementos para los que el sistema visual ya está afinado. Es como empezar con cierta ayuda. La lectura está suficientemente cerca de lo que ya ha aprendido el sistema visual. Si tratásemos de enseñar con alfabetos que no tuviesen nada que ver con lo que en el sistema visual resuena más naturalmente, la experiencia de lectura sería muchísimo más tediosa. Y, al revés, cuando vemos casos de dificultades en la lectura, podemos suavizar ese proceso llevando el material que debemos aprender a algo más digerible, más natural, más consumible, algo para lo que el cerebro está preparado.

LA MORFOLOGÍA DE LA PALABRA

El cerebro del lector primero aprende cada letra del lenguaje, generando una función que permite identificarla. Quien empieza a leer pronuncia una letra como si fuese en cámara lenta. Luego de muchas repeticiones, este proceso se automatiza; la parte ventral del sistema visual crea un nuevo circuito capaz de reconocer letras. Este detector se construye recombinando los circuitos que ya existían para detectar trazos. Y, a su vez, estos se convierten en nuevos ladrillos del sistema visual que, como piezas de Lego, son recombinados para reconocer sílabas (de dos o tres letras sucesivas). El ciclo sigue, con las sílabas como nuevos átomos de la lectura. En este estadio, un chico lee la palabra "perro" en dos ciclos, uno por cada sílaba. Luego, cuando la lectura está consolidada, la palabra se lee en un único barrido, íntegramente, como si fuese un solo objeto. Es decir, con la lectura se paraleliza un proceso que originariamente era serial. Al final del proceso de lectura, el lector forma en su cerebro una función capaz de extraer la palabra como un todo. Salvo para palabras compuestas y extremadamente largas, que incluso los adultos leen en dos partes.

¿Cómo sabemos que los adultos leen palabra por palabra? La primera demostración es que los ojos de un lector se mueven deteniéndose una vez por cada palabra. Cada una de estas fijaciones dura unos 300 milisegundos y luego salta abruptamente y a gran velocidad a la siguiente palabra. En sistemas de escritura como el nuestro, que proceden de izquierda a derecha, cada fijación va muy cerca del primer tercio de la palabra, como para barrer mentalmente de ahí hacia la derecha, hacia el *futuro* de la lectura. Este proceso tan preciso, por supuesto, es implícito, automático e inconsciente.

La segunda demostración es medir el tiempo que se tarda en leer una palabra. Si leyésemos letra por letra, el tiempo sería proporcional al largo de las palabras. Sin embargo, el tiempo que un lector tarda en leer una palabra de dos, cuatro o cinco letras es exactamente el mismo. Esa es la gran virtud de haber paralelizado algo; no importa si son uno, diez, cien o mil los nodos sobre los que hay que aplicar la operación. En la lectura, esta paralelización tiene un límite en palabras larguísimas y compuestas, como esternocleidomastoideo.[15]

---

[15] Luis Pescetti sugiere utilizar el criterio de comida natural de acuerdo con la regla del número de sílabas. Chocolate, durazno, almendras, toda la comida natural tiene como mucho cuatro sílabas.

Pero dentro de un rango entre dos y siete letras, el tiempo de lectura es casi idéntico. En cambio, para el que empieza a leer, el tiempo de lectura crece proporcionalmente al número de letras de una palabra. Lo mismo sucede para un disléxico. Esto denota una huella característica, no solo leen más lento sino que lo hacen de otra manera.

Vimos que el talento del que empieza a estudiar es muy poco predictivo de cuán buena va a ser esa persona luego de muchos años de aprendizaje. Ahora entendemos por qué.

En Francia, sobre la base de que los lectores expertos leen palabra por palabra, un grupo concluyó —erróneamente— que la mejor forma de enseñar es la *lectura holística*, en la cual en vez de comenzar por identificar los sonidos de cada letra, se empieza leyendo palabras enteras, como un todo. Este método fue un éxito de difusión, entre otras cosas, porque tenía un buen nombre. ¿Quién no quiere que su hijo aprenda con el *método holístico*? Pero fue un desastre pedagógico sin precedentes, que resultó en muchos chicos con dificultades de lectura. Y con el argumento que esbozamos aquí se entiende por qué el método holístico no funciona. Leer de manera paralelizada es el estado final al que se llega solo construyendo las funciones intermedias.

LOS DOS CEREBROS DE LA LECTURA

El cerebro tiene muchas formas de resolver un mismo problema, lo que le da redundancia, robustez y, a veces, confusión. Aquí pusimos la lupa en dos maneras distintivas de funcionamiento del cerebro. El sistema frontoparietal, que es versátil pero lento y demanda esfuerzo, y el sistema ventral, dedicado a algunas funciones específicas que realiza automáticamente y con gran rapidez.

Estos dos sistemas coexisten, y su pertinencia se va ponderando durante el aprendizaje. Los lectores avezados utilizamos primordialmente el sistema ventral, aunque el sistema parietal funciona residualmente, lo que se hace evidente cuando leemos en una caligrafía compleja o cuando las letras no se presentan en su envase natural, ya sea verticalmente, de derecha a izquierda o separadas por grandes espacios. En estos casos, los circuitos de la corteza ventral —poco flexibles— dejan de funcionar. Y ahí leemos parecido a como lo hace un disléxico.[16] De hecho, nos cuesta leer un CAPTCHA[17] porque tiene irregularidades que hacen que el sistema ventral no pueda reconocerlo. Esa es una manera de encontrar que todavía está latente el sistema serial de lectura y de reencontrarse en alguna instancia con aquel que fuimos hace mucho tiempo cuando aprendimos a leer.

LA TEMPERATURA DEL CEREBRO

Cuando aprendemos, el cerebro cambia. Por ejemplo, se modifican las sinapsis —del griego, enlace— que conectan distintas neuronas. Estas pueden multiplicar sus conexiones o variar la eficacia de una conexión ya establecida. Todo esto cambia las redes neuronales. Pero el cerebro tiene otras fuentes de plasticidad; por ejemplo, puede cambiar las propiedades morfológicas y los genes que se expresan en una neurona. También, en casos extremadamente puntuales, puede aumentar el número de neuronas, algo muy atípico. En general el cerebro adulto aprende sin aumentar su masa neuronal.

Hoy se utiliza el término "plasticidad" para referirse a la capacidad de transformación del cerebro. La metáfora cunde. Pero este uso tan frecuente quizá resulte nocivo porque supone que el cerebro se

---

[16] Probá leer de atrás hacia adelante la siguiente frase: "la ruta nos aportó otro paso natural". Cuánta torpeza para decir lo mismo, ¿verdad?

[17] CAPTCHA es la sigla en inglés de un procedimiento automatizado para separar humanos de máquinas. Son aquellas palabras dibujadas y camufladas que tenemos que tipear para tantas transacciones en Internet. Como las computadoras no pueden leer estas imágenes, al escribirlo estamos abriendo un candado solo para humanos.

moldea, se estira, se machaca, se arruga y se alisa, como un músculo, aunque nada de esto suceda en realidad.

¿Qué hace que el cerebro esté más o menos predispuesto a cambiar? En un material, el parámetro crítico que dicta la predisposición al cambio es la temperatura. El hierro es rígido y no maleable, pero cuando se calienta puede cambiar su forma y luego consolidarla en otra configuración al volver a enfriarse. ¿Cuál es el equivalente a la temperatura en el cerebro? El primero, como demostraron Hubel y Wiesel, es el tiempo de desarrollo. El cerebro de un bebé no tiene el mismo grado de cambio que el de un adulto. Pero, como ya vimos, esta diferencia no es irremediable. ¿Será la motivación la diferencia fundamental entre un chico y un adulto?

La motivación promueve el cambio por una razón simple que ya examinamos, una persona motivada trabaja más. El mármol no es precisamente plástico pero, si le damos durante horas con el cincel, eventualmente cambia su forma. La noción de plasticidad es relativa al esfuerzo que estemos dispuestos a hacer para cambiar. Pero esto no nos lleva todavía a la noción de temperatura, de predisposición al cambio. En todo caso, ¿qué sucede en el cerebro cuando estamos motivados que lo predispone a cambiar? ¿Acaso podemos emular este estado cerebral para promover el aprendizaje? La respuesta está en entender qué *sopa química* adecuada de neurotransmisores promueve la transformación sináptica y, por lo tanto, el cambio cerebral.

Antes de entrar en el detalle microscópico de la química del cerebro, conviene examinar la forma más canónica del aprendizaje: la memoria, los cambios que perduran en el tiempo. Recorriendo el palacio de la memoria descubrimos que no todas las experiencias visuales cambian el cerebro de la misma manera. Un estado emocional fuerte hace que una experiencia quede grabada de manera mucho más profunda. Casi todos los que vimos el gol de Maradona a los ingleses en el Mundial de México 86 lo recordamos. Pero ¿alguno recuerda quién le hizo los goles a Corea en el mismo Mundial?

LA VIDA SECRETA DE LA MENTE

Lo más interesante es que casi treinta años después no solo recordamos el gol de Maradona sino también con una llamativa claridad dónde estábamos y con quién. Ese momento de emoción hace que todo lo que pasó ahí, lo relevante —el gol— y lo irrelevante entren en un episodio que quedó impregnado en la memoria. Lo mismo sucede con emociones fuertes muy negativas. Quienes pasan por una experiencia traumática forman una memoria muy difícil de borrar. Esta memoria se activa por fragmentos del episodio, el lugar donde eso sucedió, algún olor similar, una persona que estaba por ahí o cualquier otro detalle. Los momentos de más sensibilidad para el registro cerebral tienen cierta promiscuidad; aquello que generó esa sensibilidad no es lo único que recordamos, sino que se abre una suerte de ventana en la que todo lo que entra en ese episodio se recuerda con mucho más vigor.

Ahora, ¿qué sucede en el cerebro cuando nos emocionamos o cuando recibimos una recompensa (monetaria, sexual, afectiva, chocolate) que lo hace más predispuesto al cambio? Para descubrir esto tenemos que cambiar la lupa y entrar en el mundo microscópico. Y el viaje nos lleva a California, a lo del neurobiólogo Michael Merzenich.

En su experimento, los que jugaban y aprendían eran monos que tenían que identificar el más agudo de dos tonos, como cuando afinamos un instrumento. A medida que dos tonos se vuelven similares, empiezan a percibirse como idénticos aunque no lo sean. Así se indaga el límite de resolución del sistema auditivo. Como cualquier otra virtud, esta también se entrena.

La corteza auditiva, al igual que la visual, está organizada en una grilla, un retículo de neuronas que se agrupan en columnas. Cada columna se especializa en detectar una frecuencia particular. Así, en paralelo, la corteza auditiva analiza la estructura de frecuencia (las notas) de un sonido.

En el mapa de la corteza auditiva, cada frecuencia tiene un territorio dedicado. Merzenich ya sabía que, si un mono se entrena activamente para aprender a reconocer tonos de una frecuencia particular, pasa algo bastante extraordinario; la columna que representa a esa frecuencia se expande, como un país que crece invadiendo a sus vecinos. La pregunta que nos incumbe acá es la siguiente: ¿qué permite este cambio? Merzenich observó que la mera repetición de un tono no alcanza para transformar la corteza. Sin embargo, si ese tono sucede al mismo tiempo que un pulso de actividad en el área ventral tegmental, una región profunda del cerebro que produce dopamina, entonces la corteza se reorganiza. Todo cierra. Para que un circuito cortical se reorganice, hace falta que un estímulo ocurra en una ventana temporal en la que se libera dopamina (u otros neurotransmisores similares). Para que aprendamos, hace falta motivación y esfuerzo. No es magia ni dogma. Sabemos ahora que esto produce dopamina, que amaina la resistencia al cambio del cerebro.

Podemos pensar la dopamina como el agua que hace a la arcilla más moldeable, y el estímulo sensorial como la herramienta que graba un surco en esa arcilla húmeda. Ninguno de los dos alcanza por sí solo para transformar el material. Trabajar la arcilla seca es inútil. Humedecerla si uno no va a esculpirla, también. Esto cierra el programa de aprendizaje que empezamos con la idea de Galton, el cerebro aprende cuando está expuesto a estímulos que lo transforman. Es un trabajo lento y repetitivo para poder establecer el surco de nuevos circuitos que automaticen un proceso. Pero esta transformación necesita, además de esfuerzo y motivación, que se disponga a la corteza cerebral en un estado de sensibilidad al cambio.

En resumen, recorrimos los errores de Galton para entender cómo se forja el aprendizaje; el techo no es tan genético y el camino no es solo social y cultural. También vimos que el virtuoso resuelve su oficio de una manera cualitativamente distinta, no solo mejorando el procedimiento original. Y que para perseverar en el aprendizaje hay que trabajar con motivación y esfuerzo, fuera de la zona de confort y del umbral OK. Lo que reconocemos como un techo de desempeño suele no serlo. Es solo un punto de equilibrio.

En síntesis, nunca es demasiado tarde para aprender. Si algo cambia con el tiempo es que la motivación se estanca en lugares aprendidos y no en la vorágine por descubrir y aprender. Recuperar este entusiasmo, esta paciencia, esta motivación y esta convicción parece el punto natural para el que quiera verdaderamente aprender.

CAPÍTULO 6

Cerebros educados

*¿Cómo podemos aprovechar lo que sabemos
sobre el cerebro y el pensamiento humano
para aprender y enseñar mejor?*

Cada día, más de dos mil millones de niños en todo el mundo van a la escuela en lo que quizá sea el experimento colectivo más vasto de la historia de la humanidad. Allí aprenden a leer, forjan sus amistades más entrañables y se constituyen como seres sociales. Y en la escuela, en un intensísimo proceso de aprendizaje, se desarrolla y transforma el cerebro. Sin embargo, ignorando supinamente este vínculo tan estrecho, la neurociencia vivió durante años alejada de las aulas. Tal vez sea este, al fin, el tiempo propicio para establecer un puente entre la neurociencia y la educación.

El filósofo y educador John Bruer advirtió que este puente conecta mundos lejanos; lo que la neurociencia considera relevante no suele ni necesita ser pertinente para la educación. Por ejemplo, entender que una región en la corteza parietal es clave para el procesamiento numérico puede ser importante para la neurociencia pero no ayuda a un profesor a reflexionar sobre cómo enseñar matemática.

En este ejercicio de transferencia de conocimiento, en el que la neurociencia debería ponerse al servicio de la sociedad, deberíamos estar más atentos que nunca a la impostura de términos científicos vagos e imprecisos. Hoy, las *neurocosas* se pusieron tan de moda que es frecuente oír, por ejemplo, que se debe usar más el hemisferio derecho. La primera pregunta con la que se debería destrozar semejante patraña es la siguiente: ¿cómo hago para activar el hemisferio derecho? Si el punto es que conviene concentrarse en el dibujo o prescindir del lenguaje, corresponde decirlo de esta manera, sin rodeos, y no con una metáfora que no agrega nada más que el supuesto prestigio marketinero de un campo científico.

Hay una larga historia sobre cómo traducir conocimiento básico en ciencia aplicada. Un punto de vista sostiene que la ciencia debe producir un cuerpo de conocimientos con la esperanza de que algunos de ellos eventualmente sean útiles para las necesidades sociales. Un enfoque alternativo, acuñado por Donald Stokes como *el cuadrante de Pasteur*, consiste en encontrar un nicho en el cual la investigación aplicada y la básica sean igualmente pertinentes.

En la taxonomía de Stokes, el conocimiento científico se clasifica según busque una comprensión fundamental o tenga consideraciones de uso. El modelo del átomo de Neils Bohr, por ejemplo, es un caso en el que la ciencia persigue el bien puro del conocimiento. En cambio, la lámpara de Thomas Edison es un ejemplo de consideraciones de uso. La investigación de Pasteur sobre la vacunación, según Stokes, abarca ambas dimensiones; además de resolver los principios fundamentales de la microbiología, dio una solución concreta a uno de los problemas médicos más urgentes de la época.

En este capítulo intentaremos navegar en aguas en que la neurociencia, la ciencia cognitiva y la educación se encuentran en *el cuadrante de Pasteur*, explorando aspectos fundamentales de la función cerebral para contribuir a la calidad y eficacia de la práctica educativa.

El sonido de las letras

Al aprender a leer descubrimos que las formas p, *p*, **𝒫**, **𝓅**, P y *p* son la misma letra. Entendemos que la combinación precisa de un segmento y un arco, de "| + ↄ" conforma la P. El arco puede ser más pequeño, el segmento puede estar inclinado o el arco puede cruzarlo ligeramente, pero sabemos que estas formas, nunca idénticas, corresponden a la misma clase. Esta es la parte visual de la lectura, cuyo proceso ya recorrimos. Pero falta una gesta más complicada, aprender a pronunciarla. Entender que ese objeto visual "p" se corresponde con un objeto auditivo, el fonema /p/.

Las consonantes son difíciles de pronunciar porque nunca las escuchamos aisladas; van siempre acompañadas por una vocal. Por eso la consonante "p" se llama "pe". Nombrarla sin la "e" que le sigue es extraño. Algunas consonantes, además, requieren morfologías complejas del aparato vocal como la unión explosiva de los labios para producir la /p/ o la juntura del paladar para producir la /j/. Las sílabas, sobre todo cuando forman una estructura que combina consonante y vocal, como "pa", son mucho más fáciles de pronunciar.[1]

En castellano hay una correspondencia precisa entre fonemas y letras, lo que hace que el código de la lectura sea bastante transparente. En cambio, en inglés o en francés, esto no pasa, y el aprendiz de lector tiene que descubrir un código menos nítido que lo obliga a ir hasta el final de la palabra para saber cómo se pronuncia. Por eso, aprender a leer en castellano es más fácil que en muchos otros idiomas.

---

[1] En inglés, las vocales suelen tener una estructura compleja. En castellano e italiano, en cambio, es frecuente la estructura simple consonante-vocal, todavía más común en japonés. Por eso para los japoneses es tan difícil pronunciar —cuando corresponde en otro idioma— una sílaba terminada en consonante. De ahí que digan "aiscrimu" y "beisoboru" para referirse a *icecream* y *baseball*, respectivamente. Y luego está también el caso que Alejandro Dolina recuerda, esa obra que nunca pudo inaugurarse en Japón: "Los perros del curro".

La importancia del componente expresivo de la lectura suele estar subestimada, en parte, quizá, porque podemos leer silenciosamente. Pero aun si leemos *en voz baja,* avanzamos más lento cuando las palabras son más difíciles de pronunciar. Es decir, pronunciamos el texto leído internamente incluso cuando este no se materializa en sonido.

Por lo tanto, el que aprende a leer también está descubriendo cómo hablar y cómo escuchar. Al pronunciar "París" producimos un chorro continuo de sonido.[2] Pedirle a quien no sabe leer que lo descomponga en /p/ /a/ /r/ /i/ /s/ es como pretender que divida una mescolanza de plastilina usada en los colores puros originales que la constituyen. Imposible. En efecto, las sílabas, y no los fonemas, son los ladrillos naturales del sonido de las palabras. Por lo tanto, sin haber aprendido a leer resulta muy difícil responder qué pasa si a la palabra "París" se le saca la "P". Esta capacidad de romper el sonido de una palabra en los fonemas que la constituyen se llama conciencia fonológica y no viene dada sino que se adquiere con la lectura.

La lectura entrena la conciencia fonológica porque para reconocer un fonema como un átomo constitutivo del discurso es necesario que tenga una etiqueta, un nombre que lo distinga y lo convierta en un objeto propio dentro de ese chorro de sonido. Esas etiquetas son justamente lo que constituyen las letras que representan un fonema. Por lo tanto, una parte imprescindible de la lectura es descubrir los fonemas. De hecho, muchas veces —casi siempre— el problema que hace que la lectura falle no es visual sino auditivo y fonológico. Ignorar el aspecto fonológico de la lectura es una de las confusiones más frecuentes en la enseñanza.

[2] Y de champagne.

TRABA LA PALABRA

La dislexia es quizás el ejemplo paradigmático de cómo la neurociencia puede serle útil a la educación. En primer lugar, la investigación del cerebro nos ha ayudado a entender que la dislexia poco tiene que ver con la motivación y la inteligencia, sino que resulta de una dificultad específica en regiones del cerebro que conectan la visión con la audición. Que la dislexia tenga un componente biológico no implica que no sea recuperable o reversible. No es un estigma. Al revés, permite entender una dificultad constitutiva sobre la cual se puede construir y mejorar, reconociendo la dificultad particular que para un niño puede significar aprender a leer. Esta es la primera lección importante que aprendemos de observar el cerebro de niños disléxicos.

Otro error típico es pensar que el problema de la dislexia reside en los ojos, cuando la dificultad mayor suele estar en reconocer y pronunciar los fonemas; es decir, en el mundo del sonido. Este hallazgo permite hacer actividades simples y efectivas para mejorar la dislexia. La manera de ayudar a un chico disléxico muchas veces no es trabajar con la visión sino enseñándole a desarrollar la conciencia fonológica. Hacerle escuchar y atender las diferencias entre "parís, arís, parís, arís…", por ejemplo. De hecho, este juego de agarrar una palabra y sacarle un fonema es un excelente ejercicio de lectura: "¡O no, uno aunó! Asola sola ola, la a".

La neurociencia también puede ayudar a reconocer la dislexia antes de que sea tarde. A veces, se vuelve claro y evidente que un niño tiene una dificultad específica con la lectura cuando ya han pasado meses o años ricos y valiosos de su experiencia educativa. Con la dislexia ocurre lo mismo que en muchos otros dominios de la medicina, donde la prognosis puede cambiar radicalmente con un diagnóstico precoz para intervenir a tiempo. Pero la misma evocación médica sirve para advertir lo obvio, este es un tema muy delicado en el que hay que ser especialmente prudente y cuidadoso. Queda clara la ventaja del diagnóstico temprano, pero el riesgo de la estigmatización y la profecía autocumplida también es evidente.

Esta decisión se vuelve particularmente difícil porque este conocimiento es probabilístico; no se puede predecir con certeza la dislexia, sino que solo se puede inferir una predisposición. ¿Qué deberíamos hacer con esta información? Esta es una decisión que, por supuesto, excede a la neurociencia. Pensemos por un momento en un ejemplo más conciso, la sordera congénita. Sin ciencia mediante, el diagnóstico de sordera se hace tarde porque durante los primeros meses de vida puede pasar inadvertido que un bebé no responda a los sonidos. Con un diagnóstico temprano, sin embargo, se puede comenzar a emplear un lenguaje gestual, de símbolos y, esencialmente, el bebé con sordera crecería en un marco de mayor comprensión. Sería un mundo menos ancho y ajeno. De hecho, esto ya cambió radicalmente. Apenas nacen, a los bebés se les hace un test acústico que indica las probabilidades de que tengan alguna disfuncionalidad auditiva. Con un diagnóstico temprano de posible sordera, los padres pueden estar atentos a estos aspectos y mejorar el desarrollo social de sus hijos. Algo no muy distinto sucede con la dislexia, la respuesta cerebral a los fonemas —al año de vida, mucho antes de empezar a leer— es indicativa de la dificultad en el aprendizaje de la lectura.

El tema es tan sensible y delicado que una posibilidad tentadora es simplemente negarlo. Pero ignorar esta información también es una forma de decidir. Las decisiones por defecto —no hacer nada— son más cómodas pero no confieren menor responsabilidad. Yo creo que esta información debe ser utilizada cuidadosa y respetuosamente y sin estigmatizar; es bueno para los padres y los educadores saber si un niño tiene una probabilidad significativa de tener dificultades en el proceso de lectura. Esto permitirá darle la oportunidad de hacer ejercicios fonológicos, entretenidos y completamente inocuos, que permitan revertir una dificultad en el punto de partida para aprender a leer. Para que arranquen, en primer grado, con las mismas libertades y posibilidades que el resto de sus compañeros.

En resumen:

1) No se puede leer sin pronunciar.

2) La conciencia fonológica, que tiene que ver con el sonido y no con la visión, es un ladrillo fundamental de la lectura.

3) En esa habilidad hay mucha variabilidad inicial —antes de empezar a leer, muchos chicos ya tienen una configuración del sistema auditivo que separa fonemas naturalmente, mientras otros los tienen más mezclados.

4) Los chicos que tienen baja resolución en el sistema fonológico muestran una predisposición a la dislexia.

5) Con actividades inocuas y divertidas, simplemente con juegos de palabras, se puede estimular el sistema de conciencia fonológica antes de empezar la lectura, a los dos o tres años, para que ese chico, cuando empiece a leer, no lo haga en desventaja.

El estudio del desarrollo de la lectura es uno de los casos más contundentes de la manera en que la investigación del cerebro humano puede ser útil a la práctica educativa. Está en el corazón de la intención de este libro explorar cómo este ejercicio reflexivo de la ciencia puede ayudar a entendernos y comunicarnos mejor.

LO QUE TENEMOS QUE DESAPRENDER

Sócrates cuestionó lo que sugiere el sentido común, que aprender consiste en adquirir nuevos conocimientos. Propuso, en cambio, que se trata de reorganizar y evocar conocimiento del que ya disponemos. Voy a proponer ahora una hipótesis todavía más radical del aprendizaje entendido como un proceso de edición, y no de escritura. A veces, aprender es perder conocimiento. Aprender también es olvidar. Borrar cosas que ocupan lugar inútilmente y otras que, peor aún, entorpecen el pensamiento.

Pensemos un ejemplo sencillo; para olvidar una memoria nociva y tóxica, hay que aprender a deshacerse de un conocimiento propio. Y esto, claro, no es fácil. Veremos ahora un ejemplo más propio de la práctica educativa. Los chicos, cuando empiezan a escribir, suelen intercalar letras al derecho y al revés. A veces escriben una palabra o incluso una frase entera en espejo. Esto pasa inadvertido, como una suerte de torpeza momentánea. Pero, en realidad, es una proeza extraordinaria. En primer lugar, porque a los chicos jamás les enseñaron a escribir las letras al revés. Lo aprendieron solos. En segundo lugar, porque escribir en espejo es muy difícil. Intentá, de hecho, como hace un chico con toda naturalidad, escribir una frase íntegramente al revés. Los novatos de la escritura tienen que desaprender esta capacidad fenomenal.

¿Por qué se da esta trayectoria tan particular en el desarrollo de la escritura? ¿Qué nos enseña esto sobre cómo funciona nuestro cerebro? La función del sistema visual es convertir imágenes en objetos. Pero como los objetos giran y rotan, al sistema visual le importa poco la orientación en la cual están. Una taza es la misma en cualquier orientación. Casi las únicas excepciones a esta regla son ciertas invenciones de la cultura: las letras. La "p" reflejada ya no es una "p", sino una "q". Y si la reflejamos de abajo a arriba se vuelve una "d", pero si volvemos a reflejarla de izquierda a derecha se convierte en una "b". Cuatro espejos, cuatro letras distintas. Los alfabetos heredan los mismos fragmentos y segmentos del mundo visual, pero la simetría es una excepción. El reflejo de una letra no es la misma letra. Eso es atípico y antinatural para nuestro sistema visual.

De hecho, tenemos muy mala memoria para la configuración particular de un objeto. Por ejemplo, casi todo el mundo recuerda que la Estatua de la Libertad está en Nueva York, que es medio verdosa, que tiene una corona y una mano levantada con una antorcha. Pero ¿la mano levantada es la izquierda o la derecha? Esto casi nadie lo recuerda y quienes creen hacerlo muchas veces se confunden. ¿Y hacia qué lado mira *La Gioconda*? ¿Cuál era *la mano de Dios*, la derecha o la izquierda de Maradona?

Olvidar este detalle particular tiene sentido, ya que el sistema visual debe ignorar activamente estas diferencias para identificar que todas las rotaciones, reflexiones y traslaciones de un objeto son el mismo objeto.[3] El sistema visual humano desarrolló una función que nos distingue de *Funes el memorioso* y que hace que entendamos que un perro visto de perfil y de frente es el mismo perro. Este circuito tan efectivo es ancestral. Funciona en el cerebro antes de tener colegios y alfabetos. Luego, en la historia de la humanidad aparecieron alfabetos que impusieron esta convención cultural que va a contracorriente del modo de funcionamiento natural del sistema visual. En esta convención, la "p" y la "q" son dos cosas distintas.

El que empieza a aprender a leer funciona de acuerdo con un *default* que viene dado por el sistema visual, en que la "p" es igual a la "q". Por lo tanto, las confunden naturalmente tanto en la lectura como en la escritura. Y parte del proceso de aprendizaje implica desarraigarse de una predisposición, erradicar un vicio. Ya vimos, de hecho, que el cerebro no es una *tabula rasa* donde se escribe nuevo conocimiento. Como acabamos de ver en el caso de la lectura, algunas formas espontáneas de funcionamiento pueden resultar en dificultades idiosincráticas en el aprendizaje.

---

[3] Esto lo expresa clara y sintéticamente Jorge Luis Borges en *Funes el memorioso*. "No solo le costaba comprender que el símbolo genérico perro abarcara tantos individuos dispares de diversos tamaños y diversa forma; le molestaba que el perro de las tres y catorce (visto de perfil) tuviera el mismo nombre que el perro de las tres y cuarto (visto de frente). Su propia cara en el espejo, sus propias manos, lo sorprendían cada vez. [...] Sospecho, sin embargo, que no era muy capaz de pensar. Pensar es olvidar diferencias, es generalizar, abstraer."

EL MARCO DEL PENSAMIENTO

Desde el día en que nacemos el cerebro ya forma construcciones conceptuales sofisticadas, como la noción de numerosidad, de lo que es un objeto e incluso de la moral. En estos cajones conceptuales arraigamos nuestra reconstrucción de la realidad. Cuando escuchamos una historia, no la grabamos palabra por palabra sino que la reconstruimos en el lenguaje del pensamiento propio, un teléfono descompuesto que ocurre en el seno de cada uno de nosotros. Por eso, naturalmente, varias personas salen de la misma sala de cine con un relato distinto. Somos los guionistas, directores y editores de la trama de nuestra propia realidad.

Esto tiene una gran pertinencia en el ámbito educativo. Lo mismo que sucede con una película ocurre con una clase; cada alumno la reconstruye en su propio lenguaje. El proceso de aprendizaje es una especie de encuentro entre lo que nos presentan y la predisposición para asimilarlo. El cerebro no es una hoja en blanco sobre la que se escriben cosas, sino una superficie rugosa en la cual ciertas formas empalman bien y otras no. Esa es una mejor metáfora del aprendizaje. Una suerte de problema de encaje. Como en el caso de la simetría, un código en el que un objeto es distinto de su imagen especular trae problemas porque no resuena con el tipo de encaje para el cual el cerebro está preparado. Esto trasciende todos los dominios.

Uno de los ejemplos más exquisitos es la representación del mismísimo mundo. La psicóloga cognitiva griega Stella Vosniadou estudió minuciosamente miles y miles de dibujos para develar cómo cambia la representación que un chico se hace de la Tierra. En algún momento de su historia educativa, a los niños les presentan una idea absurda: el mundo es redondo. La idea es ridícula, por supuesto, porque toda la evidencia fáctica acumulada en el transcurso de la vida les indica lo contrario.[4]

---

[4] Algo sabía John Lennon al respecto… "Because the world is round it turns me on".

Para entender que el mundo es redondo hay que desaprender algo muy natural formado a partir de la experiencia sensorial, el mundo es plano. Y cuando entendemos que el mundo es redondo empiezan otros problemas. Los que están en China, del otro lado del mundo, ¿por qué no se caen? Acá empieza la gravedad a hacer su trabajo, sosteniendo a todo el mundo pegado a la Tierra. Pero esto, a su vez, trae nuevos problemas, ¿por qué no se cae el mundo si está flotando en medio del espacio?

Las revoluciones conceptuales a lo largo de nuestra vida emulan en cierta medida el desarrollo en la historia de la cultura. El chico que escucha atónito cuando le dicen que el mundo es redondo replica el marco conceptual de la reina Isabel cuando Colón le propuso su viaje.[5] Así es que el problema de flotación de la Tierra en medio de la nada se resuelve en la tierna infancia como lo hizo tantas veces la cultura humana en su larga historia, apelando a tortugas o elefantes gigantes que la sostienen. Más allá de la fábula, lo interesante es cómo cada individuo tiene que encontrar soluciones para cerrar una construcción de acuerdo con el marco conceptual en que se encuentra. Un físico versado puede entender que el mundo está girando, que tiene inercia, que en realidad está en un equilibrio orbital, pero eso resulta inaccesible para un chico de ocho años que tiene que resolver con los argumentos de que dispone por qué el mundo no se cae.

Para un maestro en el aula, un padre o un amigo, es muy útil saber que el que aprende asimila la información en un marco conceptual muy distinto del suyo. La pedagogía se vuelve mucho más efectiva

---

[5] Lo más probable es que ese diálogo nunca haya sucedido. Es un mito inventado en la modernidad que todos los medievales hayan creído que la Tierra era plana. Ya Aristóteles había probado que la Tierra es esférica, y todo el mundo lo aceptaba (hasta Eratóstenes midió su tamaño). Era algo que cualquier persona medieval y moderna medianamente culta sabía. Es un invento moderno increíblemente difundido que fue Colón el audaz que quiso probar eso. Esta historia está relatada en *Inventing the Flat Earth: Columbus and Modern Historians* de J. Russell (Nueva York, Praeger, 1997)..

cuando uno entiende esto. No se trata simplemente de hablar más sencillo sino de traducir lo que uno sabe a otro lenguaje, a otra forma de pensar. Por eso, paradójicamente, ocurre que la enseñanza a veces mejora cuando el maestro es otro alumno que comparte el mismo marco conceptual. Otras veces, el mejor traductor es uno mismo.

■ Con los matemáticos Fernando Chorny, Pablo Coll y Laura Pezzatti hicimos un ensayo extremadamente sencillo, pero que resultó ser de gran relevancia en la práctica educativa. Les planteamos un problema matemático a cientos de alumnos que preparaban un examen en un curso de ingreso y los dividimos en dos grupos. Los primeros simplemente resolvieron el problema, como en cualquier examen. A los segundos se les pidió algo más, tenían que reescribir el enunciado.

Desde un punto de vista, al segundo grupo se le agregó un incordio que le quitó tiempo, fuerza y concentración. Pero desde la perspectiva que aquí esbozamos, se los incitó a hacer algo clave para el aprendizaje, que tradujeran ese enunciado a su propio lenguaje y que solo una vez que estuviera traducido procedieran a resolverlo.[6] El cambio fue espectacular; los que reescribieron

---

[6] Este era el enunciado. Podés probar reescribirlo y verás cuanto más fácil es su resolución. "Un edificio tiene sus pisos numerados del 0 al 25. El ascensor del edificio tiene solo dos botones, uno amarillo y uno verde. Al apretar el botón amarillo asciende 9 pisos, y al apretar el botón verde, desciende 7 pisos. Si se aprieta el botón amarillo cuando no hay suficientes pisos por encima, el ascensor no se mueve, y lo mismo ocurre cuando se aprieta el botón verde y no hay suficientes pisos por debajo. Escribir una secuencia de botones que le permita a una persona subir del piso 0 al 11 subiendo el ascensor." Y esta es mi traducción, escrita casi en código, con la que me resulta mucho más fácil de resolver sin saturar el *buffer* de memoria inútilmente:

Ascensor: sube 9 o baja 7.

Edificio: 25 pisos.

No es posible pasar techo o piso.

¿Cómo ir de 0 a 11?

el enunciado mejoraron casi el ciento por ciento respecto de aquellos que resolvieron el problema directamente, tal como se los habíamos planteado.

Ahora nos sumergimos en el mundo de la geometría visto desde la óptica de un niño para descubrir que el proceso de escribir los conceptos en el lenguaje propio va mucho más allá del mundo de las palabras.

¿Paralelaqué?

"Equidistante de otra línea o plano, de manera que por más que se prolonguen, no pueden cortarse." El paralelismo es, sin duda, un concepto extremadamente difícil de explicar. Está repleto de términos abstractos, línea, plano, equidistante (muchas veces también se apela al infinito para definirlo). La propia palabra "paralelo" es bastante complicada de pronunciar. ¿Quién simpatizaría con algo así? Sin embargo, cuando vemos dos rectas que no son paralelas entre otras tantas que sí lo son, salta a la vista inmediatamente. En general, el sistema visual forja intuiciones que nos permiten reconocer conceptos geométricos mucho antes de que se consoliden en palabras.

Un niño de tres años ya puede distinguir dos líneas que no son paralelas entre muchas que sí lo son. Puede que no logre explicar el concepto, mucho menos nombrarlo, pero entiende que hay algo que las hace de otra especie. Lo mismo sucede con otros tantos conceptos geométricos, el ángulo recto, las figuras cerradas o abiertas, el número de lados de una figura, la simetría, entre otros.

Hay dos maneras naturales de indagar aspectos universales que no están forjados por la educación. Una es observar a los chicos antes de que la cultura haya hecho mella y la otra, ir a lugares donde la educación es muy distinta, haciendo una suerte de antropología del pensamiento.

Una de las culturas más estudiadas para indagar el pensamiento matemático es la de los Munduruku, en Brasil, en el Amazonas profundo. Los munduruku tienen una cultura milenaria muy rica, con nociones matemáticas muy distintas de las que hemos heredado de los griegos y los árabes. Por ejemplo, no tienen palabras para la mayoría de los números. Hay una palabra compuesta para referirse al uno (*pug ma*), otra para el dos (*xep xep*), otra más para el tres (*ebapug*), una más para el cuatro (*ebadipdip*), y ahí se acaban las palabras para los números. Luego las hay para referirse a cantidades aproximadas, como *pug pogbi* (un puñado), *adesu* (algunos) y *ade ma* (bastantes). Es decir, tienen un lenguaje en que la matemática no se conjuga de manera exacta sino aproximada. El lenguaje tiene la capacidad de separar *mucho* de *poco* pero no de determinar que nueve menos dos es siete. Esto resulta inexpresable. Siete, treinta, quince, no existen en el lenguaje de los munduruku.

El lenguaje munduruku tampoco es rico en términos geométricos abstractos. ¿Serán también distintas las intuiciones geométricas en las comunidades mundurukus y en Boston? La respuesta es que no. La psicóloga Elizabeth Spelke descubrió que cuando los problemas geométricos son expresados visualmente y prescindiendo del lenguaje, los chicos mundurukus y los de Boston los resuelven con resultados muy similares. Más aún, lo que le resulta fácil a un chico en Boston —por ejemplo, reconocer ángulos rectos entre otros ángulos— también lo es para un munduruku. Lo difícil para unos —por ejemplo, reconocer elementos simétricos entre los que no lo son—, lo es para otros.

Las intuiciones matemáticas son transversales a todas las culturas y se expresan desde la infancia. La matemática está construida sobre intuiciones de lo que vemos, lo grande, lo pequeño, lo lejano, lo curvo, lo recto, y sobre el espacio y el movimiento. En casi todas las culturas los números se agregan en una línea. Sumar es desplazarse a lo largo de esta línea y restar, hacer lo propio en la otra dirección. Muchas de estas intuiciones son innatas o se desarrollan espontáneamente, sin necesidad de ninguna instrucción formal. Luego, por supuesto, sobre este cuerpo de intuiciones ya forjadas se monta la educación formal. ¿Qué pasa con un adulto entrenado durante años en asuntos formales de la geometría?

La educación funciona. Comparando adultos de Boston con mundurukus, los primeros resuelven de manera más efectiva problemas geométricos. Esto es casi una obviedad, la mera corroboración de que, si alguien se pasa años entrenando en un oficio, mejora. Pero lo más interesante y revelador es lo siguiente, con la educación nos volvemos mejores en todos los problemas pero sigue habiendo un orden. Los problemas más difíciles son aquellos que eran imposibles en la infancia.

En síntesis, cuando una persona descubre algo, lo analiza en función de su propio marco conceptual, que está cargado de intuiciones, algunas de las cuales sufren revoluciones; por ejemplo, cómo pensamos el mundo. Pero viejas concepciones, que son intuitivas, persisten. Y podemos ver un rastro de esa manera infantil de resolver el problema incluso en los grandes pensadores. Aquellos problemas que son de entrada poco intuitivos persisten a lo largo de la educación como tediosos y difíciles de resolver. Entender este cuerpo de intuiciones es un camino natural para poder suavizar el camino pedagógico.

LOS GESTOS Y LAS PALABRAS

Antes describí el aprendizaje como un proceso de transferencia del razonamiento a la corteza visual para hacerlo paralelo, rápido y eficiente. Ahora veamos el proceso inverso, desplazar intuiciones visuales casi innatas al plano de los símbolos para poder manipular estas ideas con todo el arsenal de recursos del lenguaje de los guarismos.

El chico capaz de detectar entre muchas rectas la única que no es paralela, ¿puede acaso explicar por qué es rara? ¿Puede, en una réplica socrática, esbozar por sí mismo el concepto de paralelismo?

Con Liz Spelke y Cecilia Calero estudiamos cómo las intuiciones geométricas se convierten en reglas y palabras. Nuestra conjetura era que la adquisición de conocimiento tiene dos etapas. La primera es una corazonada; el cuerpo conoce la respuesta pero no puede expresarse en forma de palabras. Solo en una segunda etapa las razones se hacen explícitas y se convierten en reglas descriptibles a uno mismo y a los demás. Teníamos una conjetura más, concebida en el desierto de Atacama, donde Susan Goldin-Meadow, una de las grandes investigadoras del desarrollo de la cognición humana, nos contó unos resultados extraordinarios tras reexaminar un viejo ejercicio de Jean Piaget.

En el experimento del psicólogo suizo, un chico veía dos filas de piedras y debía decidir cuál de las dos tenía más. La trampa consistía en que, si bien ambas filas contaban con la misma cantidad de piedras, en una de ellas estaban más espaciadas. Los niños de seis años, arreados por una de las tantas intuiciones ubicuas a nuestra forma de pensar, confunden longitud con cantidad y eligen sistemáticamente la fila más larga.

Sobre este experimento clásico y bello por su sencillez y contundencia, Susan hizo un descubrimiento sutil e importante; uno de esos ejercicios detectivescos de encontrar algo que era evidente a los ojos de cualquiera que lo mirase con atención. Descubrió que, si bien todos los niños responden que hay más piedras en la fila más larga, expresan cosas distintas con los gestos. Algunos extienden sus brazos denotando con su gesto que una fila es mucho más larga que la otra. Otros, en cambio, mueven las manos estableciendo una correspondencia entre las piedras en cada fila. Estos niños, que están contando con las manos, han descubierto la esencia del problema. No pueden hacer buen uso verbal de este conocimiento pero lo expresan con los gestos. Para estos chicos sí vale la fábula de Sócrates. El maestro solo tiene que ayudarlos a expresar el conocimiento que ya tienen. Este hallazgo se continúa en un descubrimiento aplicado, los maestros que utilizan esta información enseñan mucho mejor.

De esta forma, Susan descubrió que los gestos y las palabras cuentan historias distintas. Decidimos entonces explorar cómo los chicos expresan su conocimiento geométrico en tres canales distintos, las elecciones, las explicaciones y los gestos.

En nuestro experimento, los chicos tenían que elegir entre seis tarjetas cuál era el *invitado extraño*, la única que no compartía una propiedad geométrica con las otras. Por ejemplo, cinco de las tarjetas tenían dibujadas dos rectas paralelas y la otra dos rectas oblicuas, en forma de V. Más de la mitad de los chicos de menos de cuatro años optó por la única carta cuyas rectas no eran paralelas. Los demás eligieron erróneamente pero no al azar.

Algunos eligieron la carta que tenía la mayor separación entre las dos rectas. O la que tenía las rectas más largas. Es decir, ponían el foco en una dimensión irrelevante del problema. La mayoría de estos chicos explicaba su elección de manera consistente, utilizando palabras referidas al tamaño. Las acciones y las palabras eran coherentes. Sin embargo, sus manos contaban una historia completamente diferente. Las movían dibujando una cuña y luego representando rectas paralelas. Es decir, las manos expresaban claramente que habían descubierto la regla geométrica pertinente. Digamos que si se tratase de un examen, la elección de la respuesta no hubiese alcanzado para aprobarlo, pero las manos lo habrían pasado holgadamente.

El cuerpo es un consorcio de expresiones. La palabra representa un pequeño fragmento de aquello que conocemos. Aprender es, en cierta manera, navegar eficientemente en el vaivén entre las intuiciones, los gestos y las voces. Entre el conocimiento implícito y el explícito.

BIEN, MAL, SÍ, NO, BUENO

Basta con pedirle a un chico que explique por qué eligió algo para descubrir su conocimiento explícito; es decir, cuánto sabe de su propio conocimiento. Pero sucede que el método tiene un problema que hace evidente Luis Pescetti en una de sus canciones, en que el padre le hace una larga serie de preguntas al hijo. Todas obtienen la misma respuesta: sí y nada. Esto, por supuesto, no implica que el chico no conozca las respuestas sino que testimonia su falta de voluntad para responderlas. La mejor manera de descubrir la vida mental de un chico no es a través de la indagación directa, ni en la vida real ni en la arena experimental.

Explorando distintos procedimientos para indagar lo que un chico conoce encontramos que lo mejor es no preguntarle nada sino simplemente dejarlo hablar. Esto revela un principio importante del ser social, nada tiene sentido propio sino que lo adquiere en el momento en que uno puede compartirlo. La necesidad de compartir y comunicar es una especie de predisposición muy natural. Por eso, para conocer el paisaje mental del otro no hay que preguntar nada, solo hay que ponerlo en una situación en la que naturalmente quiera expresar y compartir el conocimiento propio.

Lo que empezó como un recurso técnico para indagar el conocimiento explícito develó algo mucho más interesante, pues descubrimos que los chicos tienen una suerte de *instinto docente*. Son profesores naturales. Un chico con algún tipo de conocimiento tiene una propensión muy fuerte a compartirlo.

EL INSTINTO DOCENTE

Antonio Battro estudió con Piaget en Ginebra. Con el tiempo llegó a convertirse en el abanderado de la transformación tecnológica de las aulas en Nicaragua, Uruguay, Perú y Etiopía. Justo cuando nosotros explorábamos la vocación innata de los chicos por difundir sus conocimientos, Antonio llegó a nuestro laboratorio en Buenos Aires con una idea que iba a transformarlo, clamó que era absurdo que toda la neurociencia se dedicara a estudiar cómo el cerebro aprende e ignorara supinamente cómo enseña. Y argumentó que esto era particularmente extraño porque la capacidad de enseñar nos distingue como especie, nos hace humanos. Es, en definitiva, la semilla de toda la cultura.

Compartimos la capacidad de aprender con todos los otros animales, incluso con el *Caenorhabditis Elegans*, un gusano de menos de un milímetro de longitud, o la babosa de mar *aplysia*, con la que el Premio Nobel Eric Kandel descubrió la mecánica molecular y celular de la memoria. Pero nosotros tenemos algo distintivo y particular que viraliza y propaga el conocimiento, pues el que aprende tiene la capacidad de transmitirlo. No es un proceso pasivo de asimilación de conocimiento. La cultura viaja como un virus altamente contagioso.

Nuestra hipótesis: esta voracidad por compartir conocimiento es una pulsión innata, como beber, comer o buscar placer. Para ser más precisos, se trata de un programa que se desarrolla naturalmente, sin necesidad de que sea enseñado o entrenado explícitamente. Todos enseñamos, aun cuando nunca nadie nos haya enseñado a hacerlo. Es, entonces, algo idiosincrático del ser humano, que nos define como seres sociales. Así como Chomsky sugirió que tenemos un instinto para el lenguaje, junto con mi admirado colega y amigo Sidney Strauss emulamos esta idea al proponer que todos tenemos un instinto docente. El cerebro está predispuesto para difundir y compartir el conocimiento. Esta hipótesis se construye sobre dos premisas.

1) PROTOMAESTROS

Mucho antes de hablar, los chicos se comunican, lloran, piden, declaman, reclaman. Pero ¿pueden comunicarle al otro información útil *per se* con el solo objetivo de remediar una brecha de conocimiento? ¿Pueden, antes de empezar a hablar, ejercer el oficio de la pedagogía?

■ Ulf Liszkowski y Michael Tomasello concibieron un juego ingenioso para responder estas preguntas. A plena vista de un niño de un año, un actor dejaba caer un objeto de una mesa. La escena estaba construida de manera tal que el niño veía dónde caía pero el actor no. Luego, el actor buscaba el objeto con esmero y sin éxito. Los pequeños actuaron espontáneamente como si reconociesen una brecha de conocimiento y quisiesen remediarla. Y lo hicieron con el único recurso disponible, ya que todavía no hablaban, apuntando hacia el lugar donde estaba el objeto. Esto podría ser un mero automatismo. Pero el elemento más revelador de este experimento fue que, si en la escena quedaba claro que el actor sabía dónde cayó el objeto, entonces los pequeños de un año ya no lo señalaban.

Esto es casi pedagogía, en tanto y en cuanto:

1) El chico no gana nada (evidente) con esto.
2) Denota la percepción clara y precisa de una brecha de conocimiento.
3) No es un automatismo sino que expresa una acción específica para transmitirle conocimiento al otro cuando no lo tiene.

En algún sentido, los chicos tienen una perspectiva económica del conocimiento; es decir, vale la pena el esfuerzo de transmitirlo solo cuando para el otro es útil.

Lo que le falta para ser una forma de enseñanza plena es que la transmisión de conocimiento emancipe al alumno. Digamos que en este caso se demuestra un suceso particular, pero el bebé —mezquino él— no le enseña al actor cómo hacer para encontrarlo cuando se le caiga otra vez.

Si bien estas demostraciones aún no son clases abstractas, pueden ser muy sofisticadas. Antes de empezar a hablar, los chicos pueden intervenir de forma proactiva advirtiendo a un actor cuando anticipan que va a cometer un error. Es decir, intentan cerrar la brecha comunicacional incluso sobre acciones que presuponen pero que todavía no han sucedido. Esta capacidad de prever las acciones del otro y actuar de forma acorde está en el epicentro de la enseñanza y se expresa incluso antes de que un bebé empiece a hablar y a andar.

2) LOS CHICOS SON NATURALMENTE MAESTROS EFECTIVOS

De niños nadie nos enseñó a enseñar. No fuimos, por supuesto, a formaciones docentes ni a talleres de pedagogía. Pero si efectivamente tenemos un instinto docente, deberíamos enseñar natural y eficazmente. Al menos de niños, antes de que este instinto se atrofie. Aquí asoma un problema, la calidad de un maestro parece ser un asunto subjetivo. Además, depende de cuánto conoce acerca de aquello que está enseñando. ¿Cómo independizarse de estos factores para saber si un niño comunica de manera efectiva? La respuesta a esta pregunta es que hay que observar los gestos, no las palabras. Lo no dicho es más importante que lo dicho.

Este argumento tiene dos partes; la primera, cuando se comunica en un canal específico de la gestualidad humana, llamado ostensión, el mensaje se transmite de forma más eficiente, con independencia del contenido que expresa, y la segunda, cuando los niños cuentan algo relevante utilizan espontáneamente este canal que usurpa la atención y la sensibilidad del receptor.

Hay aspectos universales de la comunicación humana. Más allá de las palabras, la semántica y el contenido, una de las virtudes de los discursos efectivos —como los de los grandes líderes de la historia— es que funcionan en una clave ostensiva. La comunicación ostensiva, un concepto visitado y revisitado por filósofos y semiólogos como Ludwig Wittgenstein o Umberto Eco, se refiere a la capacidad de gestualizar el discurso para desproveerlo de palabras tanto como sea posible. Utiliza una clave compartida —implícitamente— por el que habla y el que escucha. Si levantamos la mano con el salero y le preguntamos a otra persona: "¿Querés?", no hace falta referirse a qué puede querer. Es la sal. Se trata de un baile preciso de gestos y palabras que sucede en una fracción de segundo sin que siquiera sepamos que lo estamos bailando. Un robot versado en el lenguaje hubiese preguntado: "Perdón, ¿qué es lo que me pregunta si quiero o no quiero?".

La clave más sencilla es señalar. Uno dice: "Ese", y señala, y el otro entiende lo que esa palabra y esa mano indican. Es la economía del discurso. Un mono, capaz de hacer una infinitud de cosas sofisticadas, no comprende este código que a nosotros nos resulta tan sencillo, precisamente, porque parece ser exclusivo de los humanos. Es una manera de relacionarnos que nos define, nos constituye.

La ostensión resuelve también la atención al lenguaje mismo. Pedro le cuenta algo a Juan que, en un mar de distracciones, alterna la atención que le presta. Sería una catástrofe si en el momento en que Pedro cuenta lo esencial de su mensaje, Juan justo estuviera distraído. Para evitar esto hace falta envolver al discurso de prosodia, de gestos y señales que son marcadores ostensivos.

Casi todos estos gestos son bastante naturales. El primero es mirar a los ojos y dirigirse corporalmente hacia la otra persona. Si toda la intención del cuerpo apunta al receptor, eso es una suerte de imán atencional del cual resulta más difícil salirse que si alguien está hablando cabizbajo, mirando hacia otro lado. Dirigir el cuerpo al que escucha es como un signo de exclamación que se abre:"Lo que viene a partir de acá es importante". Otras claves ostensivas son nombrar al receptor, levantar las cejas o cambiar el tono de voz. Todo esto constituye un sistema de gestos, muchos de los cuales reconocemos como naturales pero que nunca nos han enseñado y que dictan la eficiencia con que un mensaje se comunica.[7] Podemos pensarlo como un canal de comunicación. La transmisión del mensaje es efectiva si sintonizamos bien en ese canal, y se vuelve ruidosa, confusa o deficiente si no encontramos la frecuencia exacta de este canal natural de la comunicación humana.

Los húngaros Gergely Csibra y György Gergely[8] descubrieron que el canal ostensivo de comunicación humana es efectivo desde el mismísimo día en que nacemos. Un bebé de días de vida aprende de manera muy distinta —no únicamente *más*— si le hablamos mirándolo, cambiando el tono de voz, llamándolo por su nombre o apuntando a objetos relevantes.

Cuando un mensaje se comunica de manera ostensiva, el receptor piensa que lo que aprendió tiene cierta generalidad, que va más allá del caso puntual que se está demostrando. Cuando le decimos a un bebé sin ostensión que un objeto es un lápiz, él lo asume como una descripción de un objeto particular. En cambio, cuando decimos lo mismo de forma ostensiva, entiende que esta explicación se refiere a toda una clase de cosas a las cuales esta en particular pertenece.

---

[7] Quizá la demostración más espectacular de que estos gestos se expresan sin necesidad de aprenderlos es que los utilizan los ciegos congénitos aun cuando en muchos casos nunca los hayan percibido a través de otras modalidades sensoriales.

[8] Es estupendo que estos dos extraordinarios investigadores húngaros que han develado los misterios de la comunicación humana tengan esta comunión, que el apellido de uno sea el nombre del otro. Nos falta el disco de Miguel Mateos con Luis Miguel. Y el del trío, ya imposible, Boy George, George Michael y Michael Jackson.

■ A su vez, cuando un mensaje se comunica ostensivamente, el receptor piensa que lo enseñado es completo, que la clase está terminada. En un experimento que ilustra esto, un profesor le muestra a un niño uno de los muchos usos de un juguete. En un caso, esta demostración se concluye de modo ostensivo, con un gesto que indica claramente que terminó. En otro caso, luego de la demostración, el profesor sale abruptamente como si lo llamasen para otro menester.

En ambos casos los chicos vieron y se les enseñó lo mismo, pero sus respuestas son muy distintas. En el primer caso, los chicos no exploran otros usos del juguete, denotando que entienden que la clase fue completa. En la segunda condición, exploran espontáneamente otras funciones, mostrando que entienden que se les explicó solo un fragmento de la realidad.

A los seis años, los chicos evalúan con gran precisión a partir de claves ostensivas la calidad de la información que reciben de un maestro. Cuando tienen razones para dudar de la fiabilidad de un maestro —por ejemplo, por falta de ostensión—, investigan más allá de lo que se les ha enseñado. El aprendizaje no solo depende del contenido del mensaje, entonces, sino de la fiabilidad del que comunica. También esto revela una paradoja de la educación, los buenos profesores transmiten completitud y con ello inhiben la búsqueda y la exploración del alumno.

Gergely y Csibra denominaron este código implícito para compartir y asimilar información como una pedagogía natural. Es decir, la ostensión es una forma natural e innata de comprender lo pertinente y relevante. Esto hace posible descubrir reglas en un mundo de información tan vasto y tan ambiguo como el nuestro. Aquí radica algo esencial de la intuición y de la comprensión humana, algo muy difícil de emular y que explica la aparente torpeza con la que aprenden los autómatas que diseñamos.

Este viaje a lo largo de los fundamentos de la comunicación humana nos sirvió para poder abordar la pregunta que esbozamos antes. Para saber si los chicos son objetivamente buenos maestros basta con preguntarnos si son ostensivos, si en el momento que comunican algo importante lo hacen levantando las cejas, nombrando al otro o dirigiendo el cuerpo, utilizando todo el arsenal de claves ostensivas que van a hacer que el que esté del otro lado les haga caso y piense que la información transmitida es completa y confiable. Y esto es independiente de que lo transmitido esté bien o mal, que depende de cuánto conocen del tema y no de cuán bien enseñan. Es una manera implícita y precisa de preguntarse si tienen intuiciones formadas sobre los canales efectivos de la comunicación humana. El camino quedaba aclarado pero nos faltaba recorrerlo. Y eso es lo que nos propusimos con Cecilia Calero.

■ Este viaje involucraba un arreglo relativamente simple, cuya originalidad consistía en poner a los niños en el lugar de los docentes. Un niño aprendía algo, que podía ser un juego, un concepto matemático, un universo con sus propias reglas o fragmentos de un nuevo lenguaje. Luego aparecía en escena una segunda persona que no tenía ese conocimiento. Y ahí empezamos a observar. En algunos casos estudiamos la propensión del chico a enseñarle al aprendiz. En otros el aprendiz pedía ayuda, y estudiamos qué, cómo y cuánto el otro le enseñaba.

Descubrimos que los chicos naturalmente enseñan con entusiasmo y verborragia. Sonríen y disfrutan enseñando. En los cientos de actividades que hizo Cecilia, hubo muchas veces que los chicos quisieron interrumpirlas —y así se hizo— mientras estaban aprendiendo. Pero no hubo un solo chico que no quisiera enseñar.

Durante la clase que el chico le daba al aprendiz, hubo momentos de distinta pertinencia. Algunos eran irrelevantes para el intercambio.

Por ejemplo, el chico le contaba algo de su hermana, que llovió o que hacía calor (el tiempo es esa especie de comodín de la comunicación humana). Y en otros le transmitía contenido relevante del juego que quería enseñarle, su lógica, su estrategia. Y específicamente en ese momento el chico disparaba una ráfaga de claves ostensivas. Todo un despliegue de gestualidad que denotaba que sabía cómo debía enseñar para usurpar los canales más sensibles del aprendiz.

▪ La lista de claves ostensivas incluía la mirada, levantar las cejas, apuntar o referenciar un objeto en el espacio o el cambio en el tono de voz. Cecilia descubrió, además, una imprevista. La habíamos visto en nuestros primeros experimentos, pero a veces uno camufla su propio descubrimiento. Veíamos que los chicos, cuando enseñaban, se movían y se levantaban de las sillas. Nosotros, desde nuestro lugar de experimentadores, les pedíamos que se sentaran para evitar perder en el desmadre la capacidad de detectar los gestos ostensivos. Y así nos perdimos la posibilidad de hacer un descubrimiento que recién comprendimos un tiempo después. Cuando no intentamos poner orden y dejamos que las cosas siguieran su curso natural, descubrimos que todos los chicos, indefectiblemente, se levantaban en el momento en que estaban enseñando. Ninguno enseñaba sentado. Se levantaban y empezaban a moverse por todos lados. Aún tenemos que discernir si eso tiene que ver con un gesto ostensivo para marcar el flujo de conocimiento; es decir: "Yo estoy arriba porque soy el que sé", o si, en cambio, tiene que ver con una cuestión de excitación incontenible a causa del vértigo de la enseñanza.

▪ En uno de los experimentos que hizo Cecilia, los chicos —entre dos y siete años— tenían que enseñarle a un adulto una regla muy sencilla. Un mono olía flores, y había que descubrir cuáles lo hacían estornudar. La única dificultad era que las flores no siempre se presentaban de a una. Pero el juego era lo suficientemente sencillo como para que un chico de dos años lo resolviera con rapidez. Después de esto, venía un adulto y lo resolvía mal. A los chicos les resultaba muy gracioso. De hecho, simular la incomprensión es un juego típico entre adultos y chicos.

La gran mayoría de los chicos respondía enseñándole al adulto las herramientas para resolver el problema. Pero algunos, los menos, decían algo parecido a lo siguiente: "Cuando te muestren una flor, mirame. Si es la que lo hace estornudar, yo te guiño el ojo. Y si es la que no, levanto la ceja". Estaban haciendo trampa, le estaban proponiendo un artilugio para copiarse. Por un lado, esto muestra la avivada, la génesis de la trampa educativa. Pero también revela un pensamiento profundo clave en la pedagogía. En un momento, el docente tiene que detener su clase si considera que el alumno no está preparado para recibir esta instrucción. Dónde, cuándo y cómo hacer esto es uno de los problemas más delicados de la pedagogía. En cierta manera, estos chicos de siete años lo resuelven al proponer una solución basada en señas de truco —un machete bastante instructivo— en vez de explicarlo. Denota que si un adulto es incapaz de hacer algo tan sencillo, no vale la pena enseñarle. Abandonan la pedagogía.[9]

ESPIGAS DE LA CULTURA

Explorando cuándo y qué enseñamos, descubrimos que en la infancia fuimos maestros voraces, entusiastas y efectivos. Nos falta la pregunta de más difícil resolución, ¿por qué enseñamos? ¿Por qué invertimos tiempo y esfuerzo compartiendo conocimiento con los otros? El

---

[9] Irónicamente, en inglés, enseñar (*teaching*) y trampa (*cheating*) son anagramas. Hay una versión nacional de ese anagrama: Sarmiento (*teaching*) y mentirosa (*cheating*).

porqué del comportamiento humano tiene casi siempre un sinfín de preguntas y respuestas anidadas.

Pongamos un ejemplo en apariencia mucho más sencillo, ¿por qué tomamos agua? Pensá que esta es la pregunta de un niño que irá hasta el fin de los *porqués*. Podemos dar una respuesta utilitaria, el cuerpo necesita agua para funcionar. Pero nadie toma agua porque entiende esta premisa; lo hacemos porque sentimos sed. Y entonces, ¿por qué sentimos sed? ¿De dónde sale el deseo que nos lleva a movernos y buscar agua? Podemos proponer una respuesta bajo la lupa biológica; en el cerebro hay un circuito que, cuando detecta que el cuerpo esta deshidratado, vincula el motor de la motivación (la dopamina) con el agua. Pero esto solo traslada la pregunta, ¿por qué tenemos ese circuito? Y esa catarata de preguntas siempre concluye en un argumento sobre la historia evolutiva. Si ese mecanismo no estuviese y no sintiésemos el deseo de beber cuando al cuerpo le falta agua, nos moriríamos de sed. Y, por ende, no estaríamos hoy aquí, haciendo estas preguntas.

Pero un sistema forjado en la cocina evolutiva no es preciso ni perfecto. Nos gustan algunas cosas que nos hacen mal y nos desagradan cosas que nos hacen bien. Además, el contexto cambia, con lo cual los mismos circuitos que eran funcionales en un momento de la historia evolutiva dejan de serlo en otro. Por ejemplo, comer más allá de los niveles necesarios podía ser adaptativo para acopiar alimento en el cuerpo en época de escasez. Pero el mismo mecanismo puede ser nocivo y volverse el motor de adicciones y obesidad cuando hay, como suele pasar hoy, una alacena repleta de comida. Más allá de estas salvedades, una premisa razonable para entender la génesis de los circuitos cerebrales, que nos hacen hacer lo que hacemos y ser lo que somos, es que en algún contexto —no necesariamente el actual— resultaba ser adaptativo. Es una visión evolutiva de la historia del desarrollo biológico.

Estos argumentos se pueden esgrimir también, aunque más lábilmente, para entender la propensión a comportamientos que forjan al ser social y la cultura. En este caso —por qué puede ser o haber sido adaptativo enseñar— podemos esbozar el siguiente argumento, que conviene ubicar en una época menos cándida que la actual, enseñarle a otro a defenderse de un predador es una manera de protegerse a sí mismo. Esto no es pura ficción. En la selva, muchos primates no humanos tienen un lenguaje rudimentario basado en llamados que advierten distintos peligros, serpientes, águilas, felinos. Cada peligro se corresponde a una palabra distinta. Podemos pensar esto como algo análogo al preludio de la enseñanza en bebés, un *argumentum ornitologicum*, un pájaro en una posición privilegiada para ver algo que los demás no ven comparte este conocimiento en un mensaje público (un tuit). Que cada pájaro tenga este sistema de alarma colectiva termina funcionando bien para la bandada.

Compartir conocimiento puede ir en detrimento utilitario del que lo comparte (de ahí la razón de ser de todas las patentes y el secreto de la fórmula de Coca-Cola, por ejemplo). Pero entendemos que, en muchas circunstancias, difundir conocimiento puede formar grupos con recursos que confieran una ventaja a los individuos. Estos son, en general, los argumentos típicos para entender la evolución de comportamientos altruistas y una razón utilitaria para entender la génesis de la comunicación humana. Enseñar es una manera de cuidarnos a nosotros mismos.

Este libro está pensado alrededor de la idea de que la propensión a compartir conocimiento es un rasgo individual que hace que indefectiblemente nos reunamos en grupos. Es la semilla de la cultura. Armar tramas culturales en pequeños grupos, tribus o colectivos hace que cada individuo funcione un poco mejor que lo que funcionaría a solas. Más allá de esta visión utilitaria de la pedagogía a través del valor de la cultura, aquí planteo una segunda hipótesis: enseñar es una manera de conocer. No solo las cosas y las causas. También conocer a los otros y a nosotros mismos.

DOCENDO DISCIMUS

Enseñar es un comportamiento intencional mediante el cual un maestro resuelve una brecha de conocimiento. Esta definición compacta presupone un montón de requisitos que cimentan una maquinaria cognitiva capaz de enseñar. Por ejemplo:

1) Reconocer el conocimiento que tenemos sobre algo (metacognición).
2) Reconocer el conocimiento que otra persona tiene sobre algo (teoría de la mente).
3) Entender que hay una disparidad entre esos dos conocimientos.
4) Tener la motivación de resolver esta brecha.
5) Tener un aparato comunicacional (lenguaje, gestos) para resolverla.

En las páginas anteriores recorrimos la motivación comunicacional y la capacidad de un lenguaje ostensivo para poder resolverla. Ahora quiero proponer una hipótesis radical sobre los primeros dos puntos constitutivos de la enseñanza, que deriva naturalmente de la idea del instinto docente.

Mi conjetura es que los chicos comienzan a enseñar como si fuera una compulsión, sin tener en cuenta lo que el alumno sabe realmente o lo que ellos mismos conocen. Podrían, de hecho, enseñarle a un muñeco, al mar o a una piedra. Desde este punto de vista, la enseñanza precede de —y puede proporcionar la experiencia para— forjar una teoría de la mente. Es decir, para ponerse mentalmente en el lugar del otro o, más precisamente, para poder atribuir pensamientos e intenciones a otros. De la misma manera, un niño enseña sobre dominios en los que no tiene precisamente calibrado su propio conocimiento y, al hacerlo, lo consolida. Esto es una manera de revisitar y profundizar la célebre idea de Séneca: *Docendo discimus*; enseñando, aprendemos. No solo aprendemos sobre aquello que estamos enseñando sino que aprendemos a calibrar nuestro propio conocimiento y el de los otros. Enseñando nos conocemos.

También vimos que el aprendizaje es un problema de encaje y traducción, de expresar información nueva en el marco del lenguaje del pensamiento propio. Enseñar es un ejercicio de traducción en el que aprendemos no solo porque revisamos hechos —volver a los libros, digamos— sino porque hacemos el ejercicio de simplificar, resumir, poner algunas cosas en *negrita* y pensar cómo se ve el mismo problema desde la perspectiva del otro. Todos estos menesteres, tan propios de la pedagogía, son el combustible esencial del aprendizaje.

■ Alguien con una teoría de la mente bien consolidada puede reflexionar desde la perspectiva del otro y así entender que dos personas pueden llegar a distintas conclusiones. La prueba típica funciona de la siguiente manera en el laboratorio. Una persona ve un paquete de caramelos opaco. No hay manera de ver lo que hay en su interior. Ve también cómo sacan todos los caramelos y en su lugar ponen tornillos. Luego entra Juan, que no vio nada de todo esto. La pregunta para la otra persona es: ¿Qué piensa Juan que hay adentro del paquete? Para poder responderla, hay que viajar al pensamiento ajeno.

Quien está equipado con una teoría de la mente entiende que, desde esa perspectiva, lo más natural es pensar que hay caramelos. El que no tiene una teoría de la mente forjada supone que Juan piensa que adentro debería haber tornillos. Este ejemplo sencillo se extiende a una gran gama de problemas que incluyen entender que el otro no solo tiene un cuerpo de conocimiento distinto sino otra perspectiva afectiva, de sensibilidades y de formas de razonamiento. La teoría de la mente se expresa en forma rudimentaria en los primeros meses de vida pero se consolida muy lentamente durante el desarrollo.

Con Cecilia Calero corroboramos la primera parte de la hipótesis del aprendizaje como un proceso para consolidar la teoría de la mente. Vimos que no hace falta haber calibrado una teoría sobre el conocimiento ajeno para jugar a ser maestro. Los chicos enseñan incluso cuando apenas conocen lo que el otro sabe. Nos queda descubrir, siguiendo cuidadosamente el desarrollo de estos pequeños maestros, si la hipótesis más interesante es cierta; si, al enseñar, los chicos forjan y consolidan la teoría de la mente.

La segunda hipótesis del *instinto docente* —enseñar ayuda a consolidar el conocimiento del que enseña— hoy tiene mucho más consenso. La posta de Séneca fue tomada por Joseph Joubert, el inspector general de la Universidad de Napoleón, con su celebrada cita: "Enseñar es aprender dos veces". Y la versión contemporánea de esta idea —según la cual una manera de aprender es poniéndose de a ratos en el lugar del que enseña— empieza con una necesidad práctica y concreta de nuestro sistema educativo. Asignar tutores a estudiantes es la intervención educativa más efectiva. Pero asignar un tutor experto a cada alumno es completamente implausible. Una solución ensayada con éxito en muchos sistemas educativos innovadores es el tutoreo por pares, estudiantes que asumen temporariamente el rol de maestros para complementar la educación de sus colegas. Esto sucede espontáneamente en escuelas rurales, con pocos chicos de edades muy distintas que comparten aula y maestra. También sucede, naturalmente, fuera del ámbito escolar.

Andrea Moro, uno de los grandes lingüistas contemporáneos, notó que la lengua materna no es la de la madre sino la de los amigos. Los hijos de una patria que crecen en otra hablan con mayor naturalidad el idioma de sus pares, no el de sus padres. Llevar el tutoreo por pares al aula es simplemente instalar en la educación formal algo común y efectivo en la *escuela de la vida*.

Sabemos que si bien un estudiante enseña desde un marco conceptual más cercano, esto no alcanza para compensar el amplio conocimiento de un tutor experto. En promedio, la enseñanza de un par es menos efectiva que la de un experto. Sin embargo, tiene una gran ventaja, pues el tutor también aprende cuando enseña, con lo que el beneficio es mutuo y simultáneo para los dos actores del diálogo, el profesor y el alumno. Este efecto se observa aun cuando el tutor y el alumno tengan la misma edad e incluso si la enseñanza es recíproca, es decir, si ambos chicos alternan los roles de quien enseña y quien aprende.

Esto es promisorio y debería alentar esta costumbre en la práctica educativa. Pero hay una salvedad importante, el efecto es muy variable. En algunos casos, los chicos mejoran mucho al enseñar. En otros, no. Si entendiésemos cuándo esta práctica es útil, tendríamos una receta bastante pertinente para mejorar la educación y, de paso, habríamos develado un secreto importante del aprendizaje.

Esto hicieron Rod Roscoe y Michelene Chi, quienes al estudiar diferentes formas de enseñanza entre pares descubrieron que enseñar ayuda a aprender cuando se cumplen estos principios:

1) El que enseña ensaya y pone a prueba su conocimiento, lo que le permite detectar errores, reparar brechas y generar nuevas ideas.

2) El que enseña establecer analogías o metáforas, relaciona los diferentes conceptos y asigna prioridades a la información de que dispone. Enseñar no es enumerar hechos sino construir una historia que los relate en una trama.

Estos principios tienen gran similitud con un concepto que ya recorrimos, el palacio de la memoria. El armado de la memoria se asemeja más a un proceso creativo y constructivo que a un depósito pasivo de información en rincones del cerebro. Las memorias resultan efectivas, fuertes y duraderas si son reorganizadas en una trama visual razonable, con cierta lógica en la estructura arquitectónica del palacio. Ahora podemos extender esta idea a todo el pensamiento. Un alumno, cuando enseña, está organizando conceptos que ya adquirió en una nueva arquitectura más propicia para el recuerdo y, sobre todo, para la construcción de nuevo conocimiento. Está construyendo su palacio del pensamiento.

EPÍLOGO

Tenía más o menos dieciséis años. Leí en esos días un cuento muy breve que narraba la historia de una pareja que se amaba con toda la intensidad con que dos personas pueden amarse. Una tarde hacían el amor magníficamente y, luego, él iba a ducharse. Ella fumaba en la cama saboreando ese amor que perduraba en su cuerpo. En un gesto insólito y desafortunado, él tropieza, se golpea la cabeza contra la bañera y muere en silencio, sin que nadie, ni siquiera ella, lo registre. El cuento trataba sobre ese segundo en que ambos están apenas a un metro de distancia, ella inmersa en una infinita felicidad por el amor que siente por él, y él, muerto. No recuerdo de quién era el cuento, ni el título, apenas el formato simple de papel pobre y mal impreso de la revista. Luego volví a encontrar esta misma idea en el último de los *Cuentos breves y extraordinarios* de Borges y Bioy Casares, "El mundo es ancho y ajeno": "Cuentan que Dante, en el capítulo XL de *La vida nueva* refiere que al recorrer las calles de Florencia se sorprendió al encontrar peregrinos que nada sabían de su amada Beatriz".

Este libro, y quizá toda mi aventura en la ciencia, es en cierta forma una manera de dar respuesta a los interrogantes que flotan implícitos en estos textos. Sospecho que, de una manera u otra, todos compartimos esta gesta. Es la razón de ser de las palabras, los abrazos, los amores. También de las broncas, las disputas, los celos. Nuestros sentires, nuestras creencias, nuestras ideas se expresan a través del lenguaje rudimentario del cuerpo.

La transparencia del pensamiento humano es la idea que resume este libro en una frase. La búsqueda de esa transparencia es el ejercicio permanente desde la primera hasta la última página. Todo el despliegue de experimentos en bebés confluye en cómo comprender sus deseos, sus necesidades y sus virtudes cuando la falta de lenguaje los vuelve opacos. Entender nuestra manera de decidir, el motor de la osadía, las razones de nuestros caprichos y nuestras creencias también es una manera de quitarle una capa de opacidad al pensamiento propio, escondido a veces bajo la máscara de la conciencia. Y, por último, la pedagogía que envuelve al último capítulo del libro es, tal como yo concibo a la neurociencia, una gesta humana para encontrarnos, para compartir lo que sabemos, lo que pensamos. Para que el mundo sea menos ancho y ajeno.

ÍNDICE

CAPÍTULO 2

El contorno de la identidad

CAPÍTULO 5

El cerebro siempre se transforma

*¿Qué hace que nuestro cerebro esté más o menos predispuesto
a cambiar?* 197

CAPÍTULO 6
Cerebros educados
¿Cómo podemos aprovechar lo que sabemos sobre el cerebro
y el pensamiento humano para aprender y enseñar mejor?   245